走进物理世界丛书

声音的传播

本书编写组◎编

**ZOUJIN WULI SHIJIE
CONGSHU**

SHENGYIN DE CHUANBO

这是一本以物理知识为题材的科普读物，内容新颖独特、描述精彩，以图文并茂的形式展现给读者，以激发他们学习物理的兴趣和愿望。

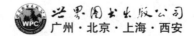世界图书出版公司

广州·北京·上海·西安

图书在版编目（CIP）数据

声音的传播／《声音的传播》编写组编著. —广州

：广东世界图书出版公司，2010. 2 （2024.2 重印）

ISBN 978－7－5100－1626－4

Ⅰ．①声… Ⅱ．①声… Ⅲ．①声学－青少年读物

Ⅳ．①O42－49

中国版本图书馆 CIP 数据核字（2010）第 024722 号

书 名	声音的传播	
	SHENGYIN DE CHUANBO	
编 者	《声音的传播》编写组	
责任编辑	王 琴	
装帧设计	三棵树设计工作组	
出版发行	世界图书出版有限公司 世界图书出版广东有限公司	
地 址	广州市海珠区新港西路大江冲 25 号	
邮 编	510300	
电 话	020-84452179	
网 址	http://www.gdst.com.cn	
邮 箱	wpc_gdst@163.com	
经 销	新华书店	
印 刷	唐山富达印务有限公司	
开 本	787mm×1092mm 1/16	
印 张	10	
字 数	120 千字	
版 次	2010 年 2 月第 1 版 2024 年 2 月第 11 次印刷	
国际书号	ISBN 978-7-5100-1626-4	
定 价	48.00 元	

版权所有 翻印必究

（如有印装错误，请与出版社联系）

前　言
PREFACE

　　我们平时常听的音乐是声音，汽车火车鸣笛是声音，大自然的鸟叫虫鸣是声音……各种声音充满我们的耳朵，随时可闻，无处不在。声音影响着我们的学习、工作和生活，与我们人类息息相关。

　　我们知道，声音是由物体振动产生的，声音以声波的形式传播，更进一步地说，声音是声波通过气体、固体或液体传播形成的运动。声波的频率范围是非常广泛的，我们人类的听觉范围却很有限。人讲话的频率范围是500～3000赫兹。一般人的听力范围是20～20000赫兹。

　　我们虽然生活在充满声音的世界里，但是我们对于声音在各行业的"神通广大"也许了解不够。

　　声呐技术是一种利用声波在水下的传播特性，通过电声转换和信息处理，完成水下探测和通讯任务的电子设备。声呐是各国海军进行水下监视使用的主要技术，用于对水下目标进行探测、定位和跟踪；进行水下通信和导航。此外，还广泛用于鱼群探测、海洋石油勘探、船舶导航、水下作业、水文测量和海底地质地貌的勘测等。

　　相信我们许多人都做过B超，它利用的就是超声波的高超本领。所谓超声波就是大于20000赫兹人耳听不到的一种声波。

　　人体各个内脏的表面对超声波的反射能力是不同的，健康内脏和病变内脏的反射能力也不一样，"B超"就是根据内脏反射的超声波进行造影，帮助医生分析体内的病变；利用超声波的巨大能量可以把人体内的结石击碎；在清洗液中通入超声波，清洗液的剧烈振动能冲击金属零件、玻璃和陶瓷制品上的污垢；用超声波能探测金属、陶瓷混凝土制品内部是否有气泡、空洞和裂纹，等等。

次声波小于 20 赫兹，也是人耳听不到的一种声波。在自然界中，海上风暴、火山爆发、电闪雷鸣、龙卷风、磁暴、极光等都可能伴有次声波的发生，在人类活动中，核爆炸、导弹飞行、汽车飞驰、高楼摇晃，甚至像扩音喇叭等在发声时也都能产生次声波。次声波会干扰人的神经系统正常功能，危害人体健康。据研究者称，著名的"杀人乐曲"《黑色星期天》的旋律就是属于次声波。

但是次声波也可以为人类所用，许多灾害性的自然现象，如火山爆发、台风等，在发生之前可能会发出次声波，人们就有可能利用这些前兆现象来预测和预报这些灾害性自然事件的发生。次声波在大气层中传播时，很容易受到大气介质的影响，它与大气层中的风和温度分布等因素有着密切的联系，因此利用次声波可以探测出某些大规模气象的性质和规律。

随着近代工业的发展，环境污染日益严重，噪声污染就是环境污染的一种，已成为人类的一大公害。噪声是发声体做无规则振动时发出的声音，令人讨厌，影响人们的正常生活，对人的身心会造成难以估量的影响。

然而，只要善于利用，噪声也可以给人类带来福音。科学家发现，不同植物对不同的噪声敏感程度不一样，于是制造出一种噪声除草器，它发出的噪声能使杂草的种子提前萌发，这样就可以在作物生长之前用药物除掉杂草。德国科学家通过实验发现，在噪声环境中癌细胞的生长速度会减慢。这一发现可能将为治疗癌症开辟一条新的途径。

走进声音的世界，聆听关于声音千奇百怪的趣闻，学习关于声音的各种知识，了解声音在各行业的广泛应用，你会对声音有一个全新的认识，从而在以后的学习、工作和生活中更好地利用各种声音，不仅让我们有耳福，还为我们的生活造福。

目 录

Contents

有趣的回声与共鸣

神奇的超声与次声

多害亦有利的噪声

耳朵与声源

ERDUO YU SHENGYUAN

人耳可分外耳、中耳及内耳三部分：外耳包括耳壳和听管。耳壳用来收集声波，听管内有脂腺的分泌物，管壁内层有毛，两者皆可阻止异物入耳。中耳与听管交界处有一薄膜，称为鼓膜，由外耳传来的声波，可以振动鼓膜。内耳管道复杂曲折，故亦称此管道为迷路。该管道分耳蜗、前庭和三个半规管，管内充满淋巴。耳蜗内有听觉受器，由中耳传来声波之振动，会振动耳蜗内的淋巴，于是刺激听觉受器而产生冲动，再出听神经传至大脑皮层而产生听觉。

声音是由物体的振动产生的。物理学中，把正在发声的物体叫声源。有的声源通过固体的振动辐射出声波，如板、膜、弦、杆等。有的声源通过流体的运动辐射声波，如哨、笛、喷注、爆炸等。

自然界有不少声源，如雷暴、水流、风浪、生物发声等。为了不同目的，人们制造了多种声源，如各种乐器、扬声器、压电和磁致伸缩换能器等。

人类的耳朵

人的听觉器官构造中，外耳由耳廓和使耳廓同鼓膜接通的听道构成。外耳的主要功能为确定声源的方向。到目前为止还不清楚人耳耳廓的形状取决于什么原理。听道（向内略缩小的长 2 厘米的小管）可预防内耳器官受损，同时起着谐振器的作用。人可接受的声频在 20 ~ 20000 赫之间，但灵敏度最大的范围局限于 2000 ~ 5500 赫。听道谐振频率正位于这一区域。

外耳听道的末端是鼓膜——在声波作用下振动的振动膜片。就是在此处，即在中耳的外界处，客观的声音转变成主观的声音。紧接鼓膜后是三根彼此相接的小骨：锤骨、砧骨和镫骨，振动靠这三块小骨传入内耳。在听神经处，振动变为电信号。锤骨、砧骨和镫骨所在的小室充满空气，并通过咽鼓管与口腔相通。咽鼓管可使鼓膜内外两侧保持相同的压力。咽鼓管通常是关闭的，只有当压力突然变化时（人做吞咽动作或打呵欠时），才开启使压力保持平衡。如果人的咽鼓管受阻，例如感冒引起的受阻，压力就失去平衡，就会感到耳疼。

在震动从鼓膜向内耳的开始部分——卵形窗传递的过程中，初级声能在中耳有"聚集"现象。这是通过以我们都知道的力学原理为基础的两种方法实现的：首先，振幅变小，但同时振动功率增强。这可用杠杆做个类比，为了保持平衡，长臂上加较小的力，短臂上加较大的力。可以根据鼓膜振幅等于氢原子的直径（10^{-8} 厘米），而锤骨、砧骨和镫骨使振幅减少 $\frac{1}{3}$，看出人耳中这一变化的精确度是多少。其次，也是最重要的，声音"聚集"程度取决于内耳鼓膜和卵形窗的直径不同。作用于鼓膜上的力等于压力和鼓膜面积的乘积。这个力通过锤骨、砧骨和镫骨作用于另一面有液体的卵形窗。卵形窗的面积比鼓膜的面积小 15 ~ 30 倍，因此对卵形窗的压力也大 15 ~ 30 倍。此外，正如上面说过的，锤骨、砧骨和镫骨使振动功率增加 3 倍，因而，靠中耳的帮助，对卵形窗的压力超过作用于鼓膜的最初的压力几乎 90 倍。这一点很重要，因为接下去，声波是在液体中传播了。如果不增加压力，由于反射效应，声波就永远不能透入液体。

锤骨、砧骨和镫骨附生有很小的肌肉，能保护内耳在强噪声影响下不受损伤。在通常情况下，振动或多或少是直接通过这三块小骨传递的，但在强噪声时，在某些肌肉的作用下，镫骨旋转轴移动，减小了对卵形窗的压力。在噪声继续增加的情况下，其他肌肉也进入工作状态，有的使鼓膜绷紧，有的局部移动镫骨。突如其来的强度很大的声音，能破坏这个防护机体，并且引起内耳的严重损伤。

听觉真正的奥秘是从卵形窗——内耳的起点开始的。在这里，声波已经是在充满耳蜗的液体（外淋巴）中传播了。这个内耳器官确实像只蜗牛，长约3厘米，几乎全都被隔膜分为两个部分。进入耳蜗卵形窗的声波，传到隔膜，绕过隔膜，继续向它们第一次碰到隔膜的同一地方的背面传播，最后，声波经耳蜗的圆形窗消散。

耳蜗的隔膜实际上是由基膜构成。基膜在卵形窗附近很薄很紧，但随着向耳蜗尾部靠近的程度而忽见变厚变松弛。第一个研究膜结构的格·别克希，20世纪三四十年代在布达佩斯工作。由于这一发现，1961年他被授予诺贝尔奖金。别克希研究了中耳和内耳作用的构造和机制，证明了声振动在基膜表面形成的波状纹，而且已知频率的峰都在膜的完全确定的部位上。高频声在基膜绷得最紧的部位，也就是在卵形窗附近最大，而低频声则在基膜厚实松弛的耳蜗"尾部"最大。别克希发现的这一机制可以解释人怎么能分辨出不同频率的音调。

机械振动转变为电信号，是在医学上所谓的柯替氏器官内进行的。这个器官位于基膜上部，由纵向排成四列的23500个"肥厚的"乳突组合而成。柯替氏器官的上部是像闸板似的耳蜗覆膜。这两个器官都浸在名称为内淋巴的液体中，并且同耳蜗的其他部分被前庭膜所隔开。柯替氏器官乳突中长出的纤毛，几乎穿进耳蜗覆膜的表面。柯替氏器官连同它的纤毛乳突植根其上的基膜，仿佛铰链式地悬挂在耳蜗覆膜之上。在基膜变形时，它们之间产生切向应力，使连接两片膜的纤毛弯曲。依靠这种弯曲，完成了声音的彻底转变——现在声音已变成电信号了，纤毛弯曲在相当程度上起着乳突中电化学反应的启动装置的作用。它们正是电信号源。

声音在这里的情况以及声音所具有的形式，目前仍一无所知。我们只知道，声音现在可用电运动译成电码，因为每一个纤毛乳突都"射出"电脉冲。但这种电码的性质还不为人所知。由于纤毛乳突甚至在没有任何声音的时候也放射出电脉冲，因此使译码工作变得更加复杂。各国在通讯领域工作的许多实验室正在研究听觉密码的解译工作。只要识破这个密码，我们就能认识主观声音的真正性质。

耳朵与声波

声波是由物体振动产生的，声波被人耳接收后就会产生听觉。因此，物体振动情况不同，它引起人耳的听觉也就不同。

300多年前，科学家伽利略发现，用薄刀片很快刮过铜币边缘密密的槽纹时，有清脆的声音传出；刀片动作越快，听到的声音越高。因此他指出，声音的高低是由物体振动快慢决定的。

在科学上，声音的高低叫音调，物体振动的快慢叫频率。因此，伽利略的发现，实际上反映了人耳听到的声音音调与物体振动频率之间存在着如下关系：发声物体振动频率高，人耳听到的声音音调就高；振动频率低，声音音调就低。

发声物体每秒钟振动的次数，用赫兹为单位来表示。通常男子说话，声带振动的频率在95～142赫之间；女子说话，频率在272～553赫之间。所以男子说话的音调比女子要低。

人类嗓音的频率范围远不如乐器宽。最低的男低音的频率是64赫，最高的女高音的频率为1300赫。而钢琴的最低音为27赫，最高音则是4000赫。

人耳听到的声音不仅有音调的不同，而且有响度上的差别。用力敲鼓，鼓皮的振动幅度大，人耳听到的声音就响；反之，轻轻敲鼓，鼓皮振动幅度小，声音就弱。用力拉琴，琴弦振幅大，声音就响；轻轻拉琴，琴弦振幅小，声音就轻。可见，声音的响度和发声物体的振幅有关。声音的响度越大，表明发声物体传出来的声波能量越多，这能量是靠外界提供给物体的。敲锣打鼓，要花费很大的力气；引吭高歌，也要费尽不少的气力。人们消耗了身体一定的能量，才产生出了声波的能量。但是，外界消耗在发声物体上的能量，只有很少一部分转化成了声波的能量，大部分变成热量白白散掉了。例如，一个人讲话时，产生的声波能量只占发声消耗能量的百分之一，而乐器演奏时仅占千分之一。

在日常生活中，人们还常常发现，许多不同的物体，尽管它们发出来的声音的音调和响度都相同，但是人耳听起来却感觉不同。这就是通常所说的它们的音色不同。例如，乐器合奏时，各种乐器奏的是同一支曲子，我们用耳朵却能分辨出哪是钢琴的声音，哪是黑管的声音，哪是其他乐器的声音，原因就在于它们的音色不同。那么，音色是怎样产生的呢？原来任何一种乐器或物体发出来的声音，都不是单一频率的"纯音"，而是由许多不同"纯音"组成的"复音"。其中频率最低、振幅最大的一个纯音叫基音；其余纯音的振幅都比基音小，而且频率都是基音频率的整数倍，它们叫泛音。各种乐器或物体在发出一种基音的同时，发出的泛音的多少、泛音的频率和振幅都各不相同，这就使得它们的声音各具特色。例如钢琴在奏出一个基音是 100 赫的复音时，它包含有 15 个频率分别为 200 赫、300 赫……的泛音；而黑管吹出同样一个基音是 100 赫的复音时，它只包含有 9 个泛音，并且各泛音的振幅同钢琴的也不一样。因此我们听起来两者感觉不同。可见，基音决定声音的音调，而泛音决定音色。一种声音中包含的泛音越多，听起来越悦耳动听，丰富的高泛音给人以活泼愉快的感觉，而丰满的低泛音给人以深沉有力的感觉。

一个人讲话时，由于各自声带振动发出的泛音不同，所以听起来各有各的音色。这样我们就很容易从声音上去辨认他们。俗话说"闻其声而知其人"，就是这个原因。

伽利略

伽利略（1564～1642），意大利物理学家、天文学家和哲学家，近代实验科学的先驱者。其成就包括改进望远镜和其所带来的天文观测，以及支持哥白尼的日心说。当时，人们争相传颂："哥伦布发现了新大陆，伽利略发现了新宇宙。"

他是为维护真理而进行不屈不挠斗争的战士。他首先提出并证明了同物质同形状的两个重量不同的物体下降速度一样快，他反对教会的陈规旧俗，由此，他晚年受到教会迫害，并被监禁。他以系统的实验和观察推翻了亚里士多德诸多流行了近两千年的观点。因此，他被称为"近代科学之父"。他的工作，为牛顿的理论体系的建立奠定了基础。

今天，英国科学天才史蒂芬·霍金说："自然科学的诞生要归功于伽利略，他这方面的功劳大概无人能及。"

耳朵与掩蔽效应

在古希腊曾流传着这样一个神话故事：宇宙之神克鲁纳士，有一个吞食自己孩子的怪癖。所以克鲁纳士的妻子在生下最后一个孩子宙斯以后，生怕他再遭厄运，就偷偷藏在克里特岛的洞中，而把石块包在襁褓中让克鲁纳士吃掉了。为了避免小宙斯被发现，每当他在洞中哭叫时，守卫在洞口的卫士们就用石头敲击盾牌发出的巨响来压倒婴儿的哭声。就这样，小宙斯生存下来了。

在上面故事中，卫士们为了保护小宙斯，用一种响的声音去遮盖另一种弱的声音，这在科学上叫声的掩蔽。声的掩蔽是一种和听觉器官相关联的现象，在日常生活中经常会遇到。例如，在工厂的车间里，各种机器的混响淹没了人们的谈话；收听质量差的收音机，刺耳的杂音干扰了电台播放的音乐；拥挤的市场上，人群的喧哗掩盖了商家的叫卖声等，都属于声的掩蔽现象。

要想用一种声音去掩盖住另一种声音，掩蔽声必须具有足够的强度才行，否则就很难达到预期的效果。正因为如此，所以在人声嘈杂的场合讲话或演唱时，应当加设扩音设备，把声音扩得越响，掩蔽效果越好。

除此之外，掩蔽效应还跟掩蔽声的频率有关。实验表明，掩蔽声的频率比被掩蔽声的频率低，掩蔽效果就强，反之，效果较差。例如在剧场或歌舞厅里，若舞台上演出的是女声歌唱或轻音乐，即使声音较响，台下观众依然可以轻声交谈而不被掩蔽；可是当台上演出带有打击乐的音乐节目时，台下观众相互交谈就比较困难了。特别是，当掩蔽声的频率同被掩蔽声的频率相同或相近时，声的掩蔽效果将会十分显著。在广场或礼堂听报告时，台下的喧哗声常常使人听不清甚至听不见台上的讲话声，就是这个缘故。

在人类生活的环境中，总是存在着各种各样嘈杂的声音。在这样背景条件下，由于声的掩蔽现象的存在，给人们接收某些有用的声音带来了困难。幸好我们的耳朵有很强的选择性，它像一个滤波器一样，可以把那些与我们无用的声音频率成分给滤掉了，而把人们需要听的声音频率成分给留下了，这就使得我们能够听到这些声音。例如，一个人，他可以对窗外哗啦啦的雨声"充耳不闻"，却可以集中精力听清他对面朋友的谈话；一个孩子的母亲，她对托儿所里几十名孩子的哇哇叫声"置若罔闻"，却独独听见了自己孩子的哭声。

双耳与立体声

古时候有一个人，天生一只耳朵，并且长在头顶上。有一次，他住的楼下失了火，众人齐声喊他，但他硬是坐着不动，最后被活活烧死。死后阎王爷问他："失火时大家都在喊你，你为什么不快下楼逃命呢?"他说："我这个人就是只听上面的，下面的声音我是听不到的呀!"

这自然是一则笑话，它讽刺了那些只知按上级主子的意志办事，而不能倾听下边群众呼声的当官做老爷的人。换一个角度，如果我们不去考虑故事的"弦外之音"，单从故事内容上讲，那个人之所以遭受火焚的厄运，还是因为他的听觉有着严重缺陷的缘故。

正常的人都长着两只耳朵，并且长在头部的两侧，这不仅仅是为了对称好看，更重要的是它满足了人们听觉上的需要。

为了说明人的双耳的作用，让我们来做一个实验：把一个人的眼睛蒙住，然后在他的左前方或右前方不同位置上，晃响一只小铃，这时他会迅速而正确地指出小铃所在的方向和远近；可是当你在他正前方或正后方晃铃时，他却真的成了"瞎子"，乱指、乱说一气了。这是怎么回事呢?我们知道，声波在空气中传播是有一定速度的，因此它从发声体发出到传进人的耳朵里，需要一定的时间。当发声体位于人体的一侧时，它所发出的声波进入人的两耳就有先有后，响度也有强有弱；发声体离开双耳越远，这种差别越为明显。两耳听觉上产生的这种微小的时间差和响度差，反映到人的大脑里，就使人有可能判断声波传来的方位。例如，当声波从人体左侧某位置传来时，它先到达左耳，后到达右耳，而且左耳听到的声音要比右耳强一些，这时人的大脑就会作出"声音从左方传来"的判断。实验观测表明，当左耳听到的声音比右耳早十万分之三秒钟时，人能判断出这声音是由偏于左侧 3 度到 4 度的方向传来的；当左耳比右耳早听到声音万分之六秒钟时，人的判断是“这声音是以正左面传来的”。人的双耳分辨声音方位的这种功能，称为双耳效应。当然，人的双耳判断声音方位的能力也是有一定限度的。例如，当发声体位于人体的正前方或正后方时，由于它发出的声波同时到达双耳，并且响度也一样，这时人体就很难分辨声波的方向和远近了。在这种情况下，如果你要弄清声波的来源，那就只有扭转脖子“侧耳倾听”了。

由于双耳效应，人们对不同空间位置的声音产生了方位和强弱的不同感觉，因此对周围各种声音感觉的综合，便会形成声音的“立体感”。用普通录音机放出来的音乐，因为录制时只使用了一个话筒，放音时也只用一个喇叭，因此我们听起来只是从一个方向传来的各种乐器的混合声。为了获得立体感的乐声，现在的录音机都采用双声道录音，就是用两个话筒从左右两个位置把声音分别录在同一条磁带上；放音的时候，用两个喇叭分别放出两个声道录下的声音。这时听起来就如同置身于音乐厅里一样，对舞台上各个乐器的不同位置、所发声音的轻重、高低等，分辨得清清楚楚，因而有着丰满的立体感。由这种双声道录音机发出的声音就是我们通常所说的“立体声”。

知识点

磁带的发明

二战时，德国的工程师们为了更好地广播希特勒的讲话，经过多年的研究，在磁带录音技术上取得了革命性的进步。二战后，美国把这一技术原样拿了过来，并很快就运用在流行音乐领域。磁带录音方便可靠，价钱便宜，质量又好，使得投资不多的小型录音公司得以生存下去，为当时的独立唱片公司的发展壮大立下了汗马功劳，从而促成了摇滚乐的诞生。

60 年代中期，美国广播唱片公司发明了可以在汽车上使用的八轨磁带(8 - Track)，这一发明立刻吸引了众多以前不怎么买唱片的消费者的注意，美国的音乐销售也从这一时期开始直线上升。

声音的奥秘

声音看不见，摸不着，是个十分奇妙的东西。正如俄国诗人涅克拉索夫所描述的那样：

> 谁都没有看到过它，
> 听呢——每个人都听到过。
> 没有形体，可是它活着，
> 没有舌头——却会喊叫……

声音既然如此地微妙，自然引起古人对它的种种神秘的猜测。例如，古希腊学者恩培多克勒就提出过一种看法，他认为声音是一种"微妙物质"，这种物质潜藏在各种物体之中，因此平日不易发现它。可是当物体受到冲击或打击时，它就像受到惊吓一样跑了出来。它一旦跑进人的耳朵里，就会被听到，而成为我们平日所说的"声音"。恩培多克勒的这种说法，听起来似乎有些道理，然而事实却不是这样。有人曾对着一端开口的竹筒大声喊叫，然后把竹筒密封好。按照恩培多克勒的说法，这样做的结果，这个人发出来的声音"物质"就都被保存下来了。可是，当他打开密封的竹筒时，却什么也听不到。可见，恩培多克勒的说法是站不住脚的。

后来，随着人们观察的不断深入和科学实验的开展，声音的奥秘才逐渐被揭开。为了说明声音究竟是什么，让我们仔细观察和分析一下发生在我们身边的一些声音现象。

用力敲一下鼓面，它就会发出咚咚的声响。这时如果我们用手去抚摸一下鼓面，就会感觉它在上下起伏振动。等到鼓面不振动了，鼓声也就消失了。用琴弓摩擦一下琴弦，它就会发出悠扬的琴声。当我们拿一纸条跟琴弦接触时，就会发现纸条来回振动起来。等纸条不再振动了，琴声也就中止了。由此可见，声音是由物体振动产生的。

拿一根振动着的竹片不间歇地敲打水面，水面就会出现一环环的波纹，不断扩大向外传播出去，这就是我们通常所说的水波。同样道理，当发声物体振动时，在它周围也会形成一层层不断向外扩展的波纹，这就是声波。如果传播中的声波进入人的耳朵里，它还会引起人耳内鼓膜的振动，于是人们就听到了声音。

原来，声音并不是什么神秘莫测的微妙物质，它只不过是振动物体发出的一种波纹——声波。

敲瓷碗与撞击探测法

你能查出瓷碗有没有裂纹吗？这并不难。敲一下瓷碗，就能听出它的好坏。好瓷碗能发出清脆响亮的声音，坏瓷碗却只能发出浑浊声。声音传出了瓷碗内部的信息，使我们找出了看不见的裂纹。这说明，我们可以根据听到的声音来判断声源的情况。不信，你再试一试。

瓷碗是否有裂纹可以通过声音来检测

找三个同样的瓷碗，先用筷子敲一敲，它们的响声是差不多的。往一个碗里装上水，另一个碗里装上面粉或沙土，再敲一敲，它们发出的声音完全不同了。

前面讲过，物体振动会发出声音。被敲的物体发出什么样的声音，这和振动物体本身的情况有关。敲锣是锣音，打鼓是鼓声，再使劲敲锣也敲不出鼓声来，因为锣与鼓的构造不同。

完好的瓷器和有损伤的瓷器被敲击后振动情况不同，完好的瓷器各部分能一起振动，有了裂纹，各部分就振不到一起了，这样它们发出的声音就不同了。碗中装有空气、水和固体，也是由于内部情况不同，才发出了不同的声音。

摸清了这个规律，我们就能用敲击听声的办法探测物体内部的情况了。人们在这方面积累了丰富的经验。

工人检查机车的时候，常常用锤子敲敲要检查的部位，凭声音来判断机器有没有损伤，连接处有没有松脱，这就是简单的敲击探伤法。

有经验的人挑西瓜的时候，常常拿起西瓜，用手指弹几下或用手拍一拍，根据声音来判断瓜的生熟——生西瓜敲起来声音清脆，这是因为瓜瓤里的组织紧密造成的；熟西瓜敲起来声音发闷，这是因为里边的组织已经软化了，变松了；烂西瓜里边是一包水，它的声音是"噗噗"的，自然是与众不同了。

医生在诊断人体内的一些疾病的时候，也应用这种办法。常见的叩诊办法是把左手放在病人的胸、背部，用右手指叩击左手中指，仔细听那响声，就能诊断一些疾病。因为人体的肌肉、肝、心和含有气体的肺、装有水和食物的胃肠，被叩击后会发出不同的声音。生病以后，不该含气的部位含了气，不该存水的地方有了水，或者该含气的组织里少了气……这就会使叩诊音发生变化，根据变化听出病变的信息，弄清病情。

撞击探测法在工业生产和现代技术上都有广泛的应用。例如，用现代地震探测技术可以探听地球内部的情况；用现代声音撞击探测技术可以探知工件内部的详细情况。

锯条琴与声强

各种声音有什么不同呢？首先是声音的强弱不同，这叫声强。

找一根废钢锯条，把它夹紧在抽屉缝里，伸出来的部分要长一些。用手指拨动锯条，让锯条弯得厉害些，一松手，听！发出了较强的声响。如果你只是轻轻地拨动一下，锯条来回振动得不很大，声音就小多了。

仔细观察一下那根锯条的运动情况。当你没有拨动锯条时，锯条的位置叫平衡位置，当你拨动锯条，例如把锯条先向下弯，弯到一定的位置，然后拿开手，锯条就开始返回平衡位置，过了平衡位置继续向上弯，一直到某一位置，锯条又返回平衡位置，到了平衡位置，就完成了一次振动。

在物理学里，把振动物体离开平衡位置的最大距离叫做振幅。用力拨动它，它的振幅就大；轻轻拨动它，它的振幅就小。

锯条琴的实验告诉我们，声强和声源的振幅有关系。声源振幅越大，声音越强；声源振幅越小，声音越弱。

声音的强弱用声级表示，它的单位叫分贝。小电钟的声级是40分贝，普通谈话的声级是 70 分贝，气锤噪声的声级是 120 分贝，喷气式飞机噪声的声级是 160 分贝，巨大的火箭噪声的声级是 195 分贝。

在空气中，人类刚刚可以听到的最弱的声音的声级是零分贝，它的能量很小，这种声音造成的压力变化只有蚊子落到人手上时所感受的压力变化的 1/1000。目前还没有任何仪器能达到人耳这样高的灵敏度。人听得见的这种最弱的声音极限，在声学中就叫"听阈"。

当人站在飞机发动机旁或者凿岩机旁，隆隆的噪声会使人耳产生疼痛的感觉，这种声音的能量很大，在声学中叫做"痛阈"。这时的声级大约是 120 分贝，它的压强变化是 0 分贝时的 100 万倍呢！

各种声源的声级

声级（分贝）	声源（距测点 1～1.5 米）
10～20	静夜
20～30	轻声耳语、很安静的房间
40～60	普通室内谈话声
60～70	普通谈话声、较安静的街道
80	城市街道、收音机、公共汽车内
90	重型汽车、泵房、很吵的街道
100～110	织布机、电锯
110～120	柴油发动机、球磨机
120～130	高射机枪、风铲
130～140	大炮、喷气式飞机
160 以上	火箭、导弹、飞船

自行车"弹琴"与音调

声音不但有强弱，而且有高低。声音的高低程度叫做音调。不同的音调是怎样产生的呢？让我们先做个小实验。

找一张旧年历卡片（或者有弹性的硬纸板）、一辆自行车。把自行车支起来，一只手转动自行车的脚踏板，另一只手拿着硬纸片，让纸片的一头伸到自行车后轮的辐条中。先慢慢转，这时可以听到纸片的"轧轧"声；再加快转速，纸片发出的声调就会变高；当转速达到一定程度时，纸片就会"尖叫"起来了。

很明显，纸片音调的变化是和纸片每秒钟振动的次数有关系：车轮旋转比较慢的时候，同一时间内纸片跟车条的接触次数比较少，也就是说，每秒钟纸片振动的次数比较少。反过来，车轮转得快时，纸片每秒钟振动的次数就多了。

振动着的物体在 1 秒钟里完成全振动的次数叫做频率。频率的单位叫赫兹（简称赫），也叫周/秒（读做"周每秒"）。大钢琴最低音的频率是 27 赫，最高音的频率是 4000 赫，它包含了这么广的频率范围，当然能演奏丰富多彩的乐曲了。

蜜蜂飞行时翅膀的振动

人讲话的音调也有高低。成年男子的声带长而厚，基本振动频率低，只有 100～300 赫，女子的声带短而薄，基本振动频率比较高，一般是 160～400 赫，所以女子说话的音调都比男子高一些。儿童的声带比较短薄，童音音调比较高。少年的声带正在发育，都有一段"变音"的时期，在这个时期应注意保护声带。

勤劳的蜜蜂用 440 赫的频率飞出去采蜜，当它们满载而归的时候，翅膀振动的频率降到 330 赫，有经验的养蜂员听到蜜蜂的"歌声"，就能知道它们是否采到了蜜。

人对于高音和低音的听觉有一定的限度，频率过高和频率过低的振动都不能引起听觉。大多数人能听到的声音频率范围在 20～20000 赫之间。频率低于 20 赫的叫次声，频率高于 20000 赫的叫超声。

有的动物能听到或发出超声，狗能听见 38000 赫的超声，蝙蝠能发出和听到 25000 ~ 70000 赫的超声。蝙蝠就是利用超声来"看"东西的。

有的动物则能听到次声。老鼠就能听到 16 赫以下的次声，当海洋里发生大风暴和海啸的时候，次声登陆了，人听不到，老鼠却听到了，它们预感到了危险，就会成群结队地逃跑。

超声和次声在工农业和军事上有着广泛的用途。

琴弦的秘密

扬琴上有许多琴弦，打击不同的琴弦便能奏出变化多端的乐曲来，它的音调是怎样变化的呢？让我们做个纸盒六弦琴，研究一下琴弦的秘密。

扬 琴

找一个结实的小纸盒子，再找六根皮筋，把皮筋一根根地套在小纸盒上，让它们相互间保持相等的距离。裁一张硬纸，折成一根长的三棱柱，放在六根皮筋下边，把皮筋支起来。再做六个小三棱柱当"码子"，依次卡到六根弦下，使六根弦长短不一。用手指弹一弹，你会听到六根弦发出不同的音调。适当移动"码子"，可以弹出几个标准音，把"码子"粘牢，就能弹出优美的乐曲了。如果盒子过大，也可以把橡皮筋剪断，用图钉或穿孔打结的办法固定到纸盒的两侧。

仔细观察一下你的六弦琴，你会看出，这六根弦振动部分的长短不同，而且紧张程度也很不同。音调高的，皮筋的振动部分又紧又短；音调低的，皮筋就比较长而且松。可见，皮筋振动的频率和它的长度、松紧程度有关系。

琴弦长度和音调的关系早就引起了人们的注意。我国战国时代就有"大弦小声，小弦大声"的记载。古希腊的数学家毕达哥拉斯，专门对琴弦做了研究。他发现，琴弦的长度符合数学规律时，琴就能发出和谐美好的声音。

毕达哥拉斯用的是三弦琴。他计算出，当三根弦的长度适合下列比例式时，琴声最和谐：

$$1 : \frac{4}{5} : \frac{2}{3}$$

也就是说，第一根弦的长度是1，第二根弦的长度是$\frac{4}{5}$，第三根弦的长度是$\frac{2}{3}$。

找一个纸盒（木盒、铁盒也可以）、一枝铅笔头、一段小线、一点松香和一把尺子。在盒的一侧开一个小孔，让小线穿进去，在盒里拴上铅笔头，用松香擦擦小线，让它跟胡琴的弦那样变涩。把盒子放好或请一位同学拿住它，你用一只手拉紧小线，另一只手拿着尺子在小线上摩擦。听！你的胡琴发出了声响。改变小线的长度和松紧状况，胡琴的音调也就随着发生了变化——可惜，它的声音并不优美。

你能根据这把"纸盒胡琴"，说明用二胡演奏各种乐曲的原理吗？

 知识点

人类最早的乐器

人类最早的乐器不是琴，也不是笛子。用弦做琴，用管造笛都比较复杂。最简单的乐器就是石头。

找大大小小的几块石头，用绳子把它们拴上，挂起来，用木棍分别敲一敲，每个石头都会发出不同音调的声音来。这就是远古时代的石头乐器。

在我国古代的乐器中，有一种特磬，是用石或玉雕成，用架子支起来，敲击发声，这是一种打击乐器。商代已经出现了三个一组的编磬——三个磬分别发出三种音调，组合起来敲打能演奏乐曲。

找七只玻璃杯，分别盛上不同量的水，由少到多地依次排列，用筷子敲打，使杯子依次发出 1（多）2（来）3（咪）4（发）5（嗦）6（啦）7（西）的音调，然后用这套杯子奏出歌曲。

暖水瓶唱歌之谜

音调的高低和声源的构造有着密切的关系，固体声源是这样，气体和液体的声源也是这样。

当你往暖水瓶里灌开水时，你听到的声音会随着灌水的情况发生变化。开始音调低，慢慢音调就高了，等到快灌满时音调最高，这就是暖水瓶的歌声。

会"唱歌"的暖水瓶

暖水瓶唱歌的道理很简单：灌水的时候，瓶里的空气受到振动，发出声音，这部分空气就是声源。开始的时候，里边的空气多，空气柱长，它振动起来比较慢，频率低，发出的音调也就低了。水越灌越多，空气越来越少，空气柱越来越短了。短空气柱和短琴弦一样，是急脾气，振动得快，频率高，音调也就变高了。

找一个细口的药瓶做实验更能说明这个原理。

往细口药瓶里灌进水，将它灌满。用嘴向瓶口里吹气，听！是音调比较高的叫声。把水倒出一些，再吹，声音变低了；再倒出些水，声音更低；如果把水倒光，那瓶子的歌声就非常低沉了。

很明显，小药瓶里空气柱的长短决定着它振动的频率。

你吹过笛子吗？笛子虽然没有弦，却有一条看不见的空气柱。这条空气柱受到外力吹动的时候，它就会按一定的频率振动而发出声音。改变空气柱的长度就能发出不同的声调。你把嘴唇放在吹口上，用一股又扁又窄的气流去吹动笛子里的气柱，笛子就唱歌了。把笛子的六个孔全堵上，笛子里的空气柱最长，发出最低的一个音。如果你把离吹口最远的一个孔放开，空气柱就减短了一截，笛子的音调就高一些。吹笛子的人不断地堵住或者放开笛子上的气孔，改变里边空气柱的长短，就能演奏出优美的乐曲。

笛子的音调不但和气柱的长短有关，而且和演奏者吹气的状况有关。原来一个低音"do"，指法不变，运用"超吹"的奏法，可以发出高音"do"。

笛子的历史很悠久了。前些年，朝鲜发现了一根4000年前的笛子。那是用一根鸟腿骨做成的竖笛，笛管上有13个孔，各孔之间相距7～10毫米，呈一条直线，靠两端的孔又稀又小。

笛 子

用竹管做的笛子也有很长的历史。唐代大诗人李白的诗中就有"谁家玉笛暗飞声，散入春风满洛城"的佳句。玉笛就是一种竹管乐器。

千差万别的音品

编钟演奏的乐曲为什么悦耳动听，木棍敲石头的声响为什么不好听？除了声强和声调的区别之外，各种声音还有什么不同呢？

找一把口琴，再找一只笛子，分别用它们吹出C调"刀"。你会听出，口琴和笛子的声音仍然不同。

是的，不同的乐器即使鸣奏同一个音阶，依然有区别：大提琴深厚低沉，小提琴纤柔悠扬，笛子清脆婉转，军号激昂嘹亮……

不同的人即使演唱同一首歌，说同一句话，人们仍然能区分出每个人的声音。

原来，不同的声源发出的声音具有不同的品质，这种品质我们叫它音品或音色。

据分析，除了音叉，绝大多数声源发出的声音都不是单独一种频率的纯音，而是以一种频率为基础，伴随其他频率的复合音。例如，小提琴琴弦作500赫振动时，除了发出500赫的声音以外，还有许多较弱的声音，这些声音的频率都是 500 赫的倍数。在复合音中，声音最强、频率最低的音叫基音，那些伴随基音的，频率是基音频率整数倍的叫泛音。基音决定声音的音调，泛音影响声音的音色。泛音的振幅总是小于基音，泛音也叫谐音。

你听过钢琴和黑管的演奏吧？如果钢琴和黑管的基音都是 100 赫，那么钢琴发出的声音包含着 16 个谐音，而黑管只有 10 个谐音，它们的音品当然不同了。

把你自制的纸盒六弦琴拿来，往纸盒里放些沙子，再去弹一弹，你会听到六弦琴的音品变了。

把你的"锯条琴"插到门框的缝隙中，让它露在外边的长度仍保持原长，它的频率是没有变化的。弹一弹，你会听到，它的音品和插在抽屉上的时候不同了。

乐器的音品决定于乐器的发音方法、各部分的质料、结构和各种附件的配合方式，演奏技巧对音品也有影响。

胡琴能发出美妙的声音，不但和弦有关，而且和它的蛇皮筒很有关系。把二胡的蛇皮换成桐木板，音品会完全改变，它既不像二胡，又不像板胡，就是因为膜面的质料不同的缘故。把钢琴的音板去掉，音色就会变得单调、郁闷。

每个人的音品是由他的身体决定的，听话听音，根据不同的音品就能辨别是谁在说话。现代化的分析仪器能按频率把各种声音描绘成"声纹"，利用这种声纹就可以从人群中找出某个特定的人。专家们正在研究这一发现，不久的将来，也许可以用"声纹"来破案呢！

音调、声强和音品是构成声音的三要素，千变万化的声音都是由这三要素构成的。如果我们掌握了每种声音的三要素，就能制造出各式各样的音响效果了。

1980 年 11 月初，首都文艺界 150 多位声效专家在首都剧场排演厅聆听了一台特殊的表演——表演者是一个长方形的扁木盒。这奇特的盒子居然发出了各种各样的声音：风雨声、雷鸣声、车辆奔驰声；猫叫、犬吠、马嘶、狼嗥、蝉鸣、狮吼；百灵鸟的歌声、哨鸽的飞响、青蛙的鼓噪、小溪潺潺、大海咆哮；火箭发动、火车过桥……更有趣的是，它还发出了我们从来没有听到过的"非自然声效"，听到这种声音，人似乎进入了神奇的太空世界。

二　胡

这个奇特的盒子就是我国科技工作者制作的电子合成器。

任何一种声音都具有自己的波形。例如，单簧管的声音在示波器上显示出是方形波，小提琴的声音是锯齿波……这些波形是合成器制造乐音的基础。电子合成器由一大串电子器件和设备组成，通过电压的变化来控制频率、音品、音量等。现代先进的电子合成器是由电子计算机控制的，它还可以自己作曲呢。

听水"说话"

水是会"说话"的。听听水的声音，可以判断水的状况。

把满满的一瓶子水倒出来。听！水在噗噗作响。用墨水瓶、啤酒瓶、暖水瓶做这个实验，它们发出的声音是不同的。

这是因为水流出来的时候，空气要从瓶口挤进去，那一个个气泡钻出水面时会因压强变小而迅速膨胀，发生冲击，水瓶就这样"说话"了。

把水壶坐在火炉上，当水壶发出叫声的时候，那水并没有开。等水真正沸腾的时候，叫声又不是那样响了。"响水不开，开水不响。"水壶里的声息为什么能报告壶里的情况呢？

坐在火炉上的水壶，壶底的水最先热起来，于是那里就产生了气泡。这些气泡温度很高，水的压力不能把它们压破，水的浮力却让它浮向水面。而气泡浮到了上边的冷水层，就把热量传给了冷水，自己的温度降了下来。气泡温度一降，里面的压力也小了，抵挡不住水的压力，就被压破了。水的分子乘机冲入气泡，发生了撞击。气泡浮上来的多了，这种撞击声就会大起来，所以水壶发出"叫声"的时候，它并没有沸腾。水在大开的时刻，水中的气泡大都钻出水面冲向空气，这时的声响当然就会变成哗啦哗啦的了。

人被烫着的时候会喊叫，水挨烫时也会"尖叫"。

把几滴冷水滴在烧红了的炉盖上，听！它嗞嗞地"尖叫"了。烧水做饭时我们常常会听到这种声音。

水当然没有知觉，它挨烫时"尖叫"是由于它在急速地变为汽。炉盖或红煤球的温度很高，水滴到上边马上变成了水蒸气。一滴水变为汽，体积大约要膨胀1000倍以上，这样就扰动了周围的空气，发出了声音。

提一壶冷水，向地面上倒一点。你听到的是清脆的噼啪声。提一壶开水，同样向地面上倒一点，你听到的则是低沉的噗噗声。

为什么冷水和开水倒在地上发出的声调不同呢？有人解释说，这是由于冷水里含的空气多，而开水里几乎没有空气了。当冷水浇到地上的时候，水和水里的空气同时跟地面撞击，所以发出的声音比较清脆。开水倒在地上，就只有水跟地面撞击，所以发出的声音比较低沉。

这种解释是否确切，可以看看冷开水倒在地上会发出怎样的声音。

把一壶煮开的水，每隔两三分钟向地下浇一次，同时注意听它的声音，你会发现，随着水温的降低，音调由低转高，由噗噗声变成了噼啪声。

这个实验是已故的科普作家顾均正先生设计的。经过他的研究，认为开水的声音是因为开水的温度造成的。当水温在100℃左右时，水的分子活动能力大大增加了，分子之间的吸引力大为减少，这种沸腾的水，不但表面的水分子在快速蒸发，而且内部的水分子也会争先恐后地跳出来变为汽，所以开水四周总是包围着一层水汽。当水倒到地面上时，水汽首先垫在上面，开水和地面之间有了这一层绒毯似的气垫，撞击的声调也就低沉多了。当水温远低于沸点时，液体内部的分子不再汽化，水柱落地再没有气垫的缓冲作用，声音也就变得清脆了。

我们可以用棉被和钢球来验证顾先生的理论。

从一定的高度向木床板落下一个钢球，听！那撞击声多么清脆。在床板上垫一床棉被，再让钢球（或其他重物）自由下落，听！声音发闷了。

小溪缘何潺潺地响

我们吹气球时，气球吹得太大了，它会"叭"的一声破掉。为什么气球吹破的时候会"叭"的一声响呢？

声音是由物体的振动引起的。当气球里面的气体装得太多了，压力很大，它们就要冲破这层橡皮薄膜喷出来，这时气体发生了强烈的振动，就发出了"叭"的一声。

小溪为什么老是潺潺地响？这个问题似乎跟我们吹气球没有什么关系，仔细一分析，道理却是一样的。因为小溪的水从高处往下流时，会将一部分空气裹在水里，在水里形成了许多小气泡，小气泡破裂时就发出响声。同时，小溪里的水冲到石块或凹凸不平的地方，也会引起空气的振动，空气振动就会发出声响来。在山石陡峭的峡谷里，这种潺潺的水声还会在山谷间回荡，不绝于耳呢。

当心危险的信号

1943年1月，在一个寒冷的天气里，美国新造的一艘巨型油轮正在交付使用，突然发生了事故：油舱不可思议地裂为两截。据当事人回忆，油舱断裂前有一种嚓嚓的声响。这声响和那灾难是否有关系呢？

找一根细树枝，用力折它。当它快要断裂时，仔细听，它发出了声音！

把铁盒子贴到耳边，用手压盒盖，盒盖被压弯了，与此同时，耳朵也听到了声响。

如果能找到金属锡，你用两手反复地弯曲它，听！它"噼啪"、"噼啪"地提"抗议"了。这就是锡鸣。

生活中，这类现象也是常见的。用木棍抬东西，当木棍发出"咯吱""咯吱"的声响时，危险就要来临了。有经验的矿工在矿道中听到坑木的某种声音，就知道要发生事故了。上面这些利用声音判断事故的办法跟敲击探伤法不同，不是用其他力量去敲击物体发声，而是在外力作用下，由物体自身的隐患部位发出声音。为了和声撞击相区别，我们把这种现象叫声发射。

20 世纪 50 年代初，德国人凯塞尔做金属拉伸实验时，发现金属试样变形时会发出微弱的声音。这些微弱的声响使他想起了巨轮断裂等一系列事故。为了弄清楚这个问题，他和其他科学家对金属在拉伸或其他变形中的声发射现象进行了深入的研究，结果表明金属的声发射是由于内部产生位错运动而引起的。位错运动是金属内部小缺陷的运动，它是产生裂纹和断裂的基本因素。既然位错能引起声发射，而位错又是断裂的前提，利用声发射来预测断裂自然是成立的。

问题并不那么简单，金属的声发射信号远比周围的噪声微弱，另外，金属声发射的信号不但有可听声，而且有超声和次声，靠我们的耳朵去听，往往听不到，或者听到时已经来不及挽救了。

现代电子技术解决了一系列的难题，它既能把声发射信号放大，又能把声发射信号和环境噪声区别开，次声和超声它也能测量到。20 世纪 70 年代初，美国成功地在 C—5A 飞机上装置了声发射监测系统，这套装置能探测 48 个关键区或危险区的安全情况，一旦有事故隐患，这套系统就会报警，保证了飞行安全。

声发射技术是近 20 多年来兴起的现代技术，它在航空、航天、原子能以及金属加工方面有广泛的用途。在巨大的高压容器、发动机和核反应堆旁，声发射监测器正在默默无声地工作着，为人们的安全站岗放哨。

值得注意的是大地震前的声发射现象。

我国历史上关于地声的记载是很多的。像《魏书·灵征志》上就载有 474 年 6 月，山西"雁门崎城有声如雷，自上西引十余声，声止地震"。这

唐山大地震

"有声如雷"就是地声。这是世界上有关地声的较早记载。

1973年2月6日四川炉霍地震前数小时，就有可怕的声音从地下发出。1976年唐山大地震前5小时，就出现了地声。

不少学者认为，地声是一种声发射现象：地壳在聚积能量的过程中，会在岩体的脆弱部位首先发生微破裂，从而引起声发射。不过，微破裂时的声发射能量较低，频率又偏高，很难传到地面。这种破裂继续发展，就可能产生能量较高的声发射信号——这就是地声。

地震前的声发射是地震孕育过程中的一种物理现象，是一种地震前兆。如何利用它进行地震预报，是一项很有意义的科研课题。

肌肉的低声细语

你的肌肉会向你轻声细语，不信吗？

用你的拇指轻轻地堵住耳朵，把胳臂肘抬高，两手开始握拳。听！一种微弱的隆隆声灌进了你的耳朵，拳头攥得越紧，声音就越响。这就是手部肌肉收缩的声音。

能够听到肌肉所发出声音的鲨鱼

科学实验已证明肌肉是会"喊叫"的，如用带有灵敏扩音机的听诊器去听运动员肌肉的声音，当运动员举重时，他前臂的肌肉就会发出声音，用力越大，声音越响。人的肌肉说话时"嗓子"很粗，频率在25赫左右。

人体最重要和最复杂的肌肉就是心肌。科学家们正在研究一种新式听诊器，用来检查心音极细微的变化，准备从心肌的低声细语里发现某些隐患。至于从其他部位肌肉声响中发现人体内部的病变，也是一个有趣的研究课题。

不光是人体肌肉会发出低频的声音，各种鱼类和其他动物的肌肉也会低声细语。海洋里有一种凶猛的鲨鱼，它常常潜伏在某处一动不动，等猎物游近时，它就来个闪电式出击。动物学家们发现，鲨鱼对低频的声波特别敏感，能听到猎物肌肉发出的低音，从而辨别出猎物的行踪。

鲨鱼的本领启发了我们，能不能造出一种仪器，能侦听到远处的各种肌肉声，利用它去捕鱼、侦察，甚至狩猎呢？这在目前还只是一种设想，能不能成为现实还有待人们的努力。

语言、语音与声学

全世界有2万多个民族，讲着2800多种语言。被5000万以上人口使用的语言有13种，其中说汉语的人口最多，其次是英语、印地语、西班牙语、阿拉伯语、葡萄牙语……讲英语的国家最多，其次是西班牙语，再次是阿拉伯语、法语、德语。

不仅如此，每种语言里还有许多方言。

但是，所有语言都是用语音来表达的，这是它们的共同点。语音是通过人的发音器官发出的声音。人的发音器官包括呼吸器官、声带和口腔。肺、支气管和气管是发音的动力站，说话时由那里发出气流。声带是我们喉头中间的两片薄膜，它富有弹性，附着在喉头的软骨上。两片声带中间的通道叫做声门。

　　我们默不作声时，声带是松弛的。从肺里呼出的气流经过声门时，自由自在地从那个三角形的孔里通过，不会引起声带的振动。当我们讲话或唱歌时，声带便会绷紧，向中线内收，并且相互紧紧地接触，"声门关闭"了，从肺里呼出的空气只能从缝隙中挤出，于是引起声带的振动，发出了声波。人们在说话的时候，不管是讲哪种语言，都会有一个个的音节。

　　请你大声说："花真香！"分析一下，这是三个音节，头一个音节是 huā，第二个音节是 zhēn，第三个音节则是 xiāng。

　　请你拉长声说"花"字，你会发现，"花"字变成 ā 音，如果不把嘴闭上，"花"字是出不来的。可见，花（huā）这个音节是由 h、u、ā 三个更小的语音组成的，这种最小的语音单位叫音素。

　　几千种语言都是由音素组成的。音素包括元音和辅音两大类，例如 a 就是元音，h 就是辅音。元音是由声带振动发出来的乐音，每个元音的特点是由口腔形状决定的，辅音是发音时由口腔的不同部位以不同的方式阻碍气流所产生的一些音。

　　无论哪种语音都是由不同形式的声波构成的。每一个音都有一定的音色、音高（声调）、音强（声强）和音长，这些就是语音的物理属性。

　　音色和发声体有关，这个道理语音中也在应用：声带振动发出的音和声带不振动时发出的音就有不同的音色。

　　音色和发音方法有关，同是弦乐器，用弓拉和用手指拨，音色会不同。语音也是如此，送气或不送气，就形成了音色不同的两个音。例如不送气时是 b，送气时就成了 p。

　　共鸣器的形状会影响音色，这个原理在语音中也适用。口腔闭合一点或张大一点，发出的音也不同。发 a 音口腔必须大开，发 o 音口腔是半合的。

　　音高是由声波的频率决定的。音高在汉语语音里是很重要的，例如 mai 这个音节，读成 mǎi 是"买"，读成 mài 是"卖"，意义相反。在语言学里这叫声调的变化，它主要取决于音高，有时也和音长有关。

音强（声强）是由声波的振幅决定的。音强在汉语里有甄别词义和语法的作用！把重音放在不同的位置，往往有不同的词义；"虾子"和"瞎子"，前者读作 xiā zǐ，表示虾的卵，后者读作 xiā zi，"子"要轻读，表示盲人。"对头"这个词，把重音放在"头"字上，读为 duì tóu，表示正确、合适的意思，把重音放在前面，"头"字轻读，读成 duì tou，就变成了仇敌、对手、冤家的意思：

音长是声音的长短。不同的音长可以表达不同语气和情态。

从物理学角度来看，千变万化的语音不过是千变万化的声波。一切语言都可以用频率、声强和时间这三个物理量来描述。早在 40 多年前，物理学家和语言学家就共同研究出了"语图仪"，用这种"语图仪"可以把声音信号画出图形。"语图仪"的出现标志着近代语言声学进入了新阶段。

近年来，语言声学又有了新发展，人们已经造出了能听懂某些词汇的机器（例如可以识别 200 个词），会说某些语言的机器。

但是，要让机器听懂人的语言还需要克服许多困难。因为人们能听懂话，不光是靠物理上的语音信息，而且要靠大量的非物理量的信息。我们都会说汉语，为什么老师用汉语讲课，你有时听不懂？这就比较复杂了。科学家们正在研究"语言理解系统"，这要涉及人工智能的许多问题。不过，这些难题在不久的将来是一定能解决的。在学好"数理化"的同时，努力学好语文和外语吧，要解决这类难题，偏科和"重理轻文"的学生是不胜任的！

弦乐器

弦乐器的发音方式是依靠机械力量使张紧的弦线振动发音，故发音音量受到一定限制。弦乐器通常用不同的弦演奏不同的音，有时则须运用手指按弦来改变弦长，从而达到改变音高的目的。

弦乐器是乐器家族内的一个重要分支，在古典音乐乃至现代轻音乐中，几乎所有的抒情旋律都由弦乐器来演奏。可见，柔美动听是弦乐器的共同特征。它们音色统一，有多层次的表现力：合奏时澎湃激昂，独奏时温柔婉约；又因为丰富多变的弓法（颤、碎、拨、跳等）而具有灵动的色彩。

　　弦乐器从其发音方式上来说，主要分为弓拉弦鸣乐器和弹拨弦鸣乐器。弓拉弦鸣乐器：小提琴、中提琴、大提琴、倍低音提琴、二胡；弹拨弦鸣乐器：竖琴、吉他、电吉他、电贝司、古琴、琵琶、筝。

声音的传播与利用

SHENGYIN DE CHUANBO YU LIYONG

声源发生振动以后，就引起了它周围的介质发生相应的振动，最后，以声波的形式向四面八方传播。

声音在空气中，约需3秒钟才能通过1千米。声音不但能在空中传播，也能通过液体或固体传播。在水中，声音的传播速度比在空气中快4倍，因此，在水中，各种噪声都听得很清楚。声音通过铁轨、铁棒、铁管或土壤，传播的速度也很快，而在坚硬的弹性体，如铸铁、木材等物体中传得更快。贝多芬耳聋以后，就是用一根钢棒来"聆听"乐曲的。听诊器就是根据固体传声的道理制成的诊断疾病的仪器。

现在广泛使用的声呐技术就是一种利用声波在水下的传播特性，通过电声转换和信息处理，完成水下探测和通讯任务的电子设备。目前，声呐是各国海军进行水下监视使用的主要技术，用于对水下目标进行探测、分类、定位和跟踪；进行水下通信和导航，保障舰艇、反潜飞机和反潜直升机的战术机动和水中武器的使用。此外，声呐技术还广泛用于鱼雷制导、水雷引信，以及鱼群探测、海洋石油勘探、船舶导航、水下作业、水文测量和海底地质地貌的勘测等。

从振动说起

磬发出了响声，说明它在振动，所以，要揭开声音的传播之谜，还要从振动说起。

找一个皮筋和一把锁，把锁拴在皮筋上吊起来（比如，挂在门框上），不要让锁头和其他物体相碰。用手拉一下锁头，看！它上下振动起来了。如果你有秒表，可以测出它的频率。你会发现，不管你测多少次，它的频率总是那么多，原来每秒钟振几次，后来还是每秒钟振几次。

换上另一把锁或者改用另一根皮筋，它的振动频率就会发生变化。

如果使物体振动起来以后，不再对它施加外力，任其自然，这种振动就叫自由振动，也叫固有振动。皮筋拉着锁上下的振动就是一种自由振动；对皮筋锁振动频率的测定说明，物体在自由振动时，它的频率是一定的，这个频率就叫这个物体的固有频率。声源的振动也是如此。用筷子敲一下玻璃杯，玻璃杯发生了自由振动，我们听到了响声，敲一下钟，打一下磬，都会引起它们的自由振动，钟声和磬声都是由自由振动发出来的。

找一个玻璃杯，用筷子敲几下。听！它每次的声调都是一样的。给玻璃杯里装上水，再敲的时候，声调变了。

这说明，物体自由振动时的固有频率是由它本身的各种条件决定的。皮筋的弹性、小锁的质量决定了皮筋锁的固有频率。玻璃杯里边有没有水，决定着玻璃杯的固有频率。固有频率不受外力影响，不管作用于它的外力是小是大，它的振动频率总是一定的。

还有一种跟自由振动不同的振动。

用脚踏动缝纫机的踏板，使缝纫机转动。看！上边的缝

缝纫机缝针的上下振动

针上下振动了，与此同时发出了咯嗒咯嗒的声响。慢些蹬，缝针振动得就慢；快些蹬，缝针振动得就快。它的振动频率完全由你脚的动作来决定。

这跟自由振动不一样，它的振动是被迫的，因此叫受迫振动。你蹬缝纫机时用的力叫周期性外力，也叫策动力——一会儿向下，一会儿向上，有规律地变化着。这个策动力也有个频率，受迫振动的频率是和策动力的频率一致的，所以你蹬得快，针头上下穿梭得也就快了。

机器开动时引起的机座振动，小同学在架空的木板上跳动时引起的振动，都是受迫振动。你还能举出一些受迫振动的例子吗？

声音传播的媒质

300 多年前，德国科学家葛利克做过一个实验：他把钟放在一个接有抽气机的玻璃罩里，然后把罩里的空气慢慢抽出来。这时，钟摆的滴答声逐渐减弱，最后几乎听不到了。葛利克又把空气放进罩子里，人们又听到了钟摆的滴答声。现在，我们用奶瓶子做一个类似的实验。

从奶瓶（或大口瓶）的盖子中穿进一根细铁丝，头上弯个小圈，套两块小铁片（或者拴上个小铃铛）。摇一摇瓶子，听，里边的铁片"唱歌"了。

点燃一些小纸片，放到瓶子里，趁着火还没有熄灭时快把盖子盖紧，别让铁片（或铃铛）和瓶子相接触。等火熄灭以后，再摇一摇瓶子，仔细听，铁片的响声比原来小了。

这个实验近似地说明了葛利克实验的原理。由于纸的燃烧，瓶子里的空气受热膨胀溢出一部分，空气减少了，声音传播受到了影响。葛利克实验充分证明，声音只有通过某种物质才能传播出去。这种传播声音的物质就叫媒质，也叫介质。空气就是一种常见的介质。

声音在介质里传播的情况大致是这样的：声源发生振动以后，就引起了它周围的介质发生相应的振动，最后，以声波的形式向四面八方传播。

声音在空气中，约需 3 秒钟才能通过 1 千米。声音不但能在空中传播，也能透过其他的气体、液体或固体传播。在水中，声音的传播速度比在空气中快 4 倍，因此，在水中，各种噪声都听得很清楚。在水底潜水箱中工作的人，能听见岸边的各种声音，就是这个道理。渔夫会告诉你：水中的鱼对岸边的小声音很敏感，所以会机灵地逃逸。

声音在坚硬的弹性体（如铸铁、木材等物体）中传得更快。把细长木棒的一端压着耳朵，而叫朋友在另一端敲打，你就会听到清晰的打击声。这时，如果环境十分安静，你也能听到其他各种杂音。将手表放在木棒末端，你一样可听见钟表的嘀嗒声。

声音通过铁轨、铁棒、铁管或土壤，传播得速度也很快。如果你将耳朵贴在地表，你很快就会听见马奔跑过来的声音，甚至比在空气中听到得更快。对于大炮的射击声，也可采取同样的方法迅速听见。

对于有弹性的固体，声音的传播更迅速。如果是柔软的纺织品或脆弱而非弹性的物质，声音的传播状况就很糟糕，因为这些物质会吸收声音。倘若你怕声音传到隔壁，可在墙上挂上厚厚的窗帘，这样就可以防止了。其他如地毯、衣服或柔软的家具等，也都具有相同的隔音作用。

骨头也可以迅速地传播声音。声音透过骨头而到达听神经，听起来声音十分大，相信大家都知道这事实。我们先进行类似的实验吧！

用一根细长的绳子，而在绳子的中央绑着金属汤匙，绳子也同样绑在汤匙中央。接着，你将绳子的两端分别放在左右两只耳朵上，并用手指或手掌防止外面的声音跑进耳朵，你不妨将绳子的一端紧紧压住耳朵。最后，你让汤匙去碰某种坚硬的东西，你就可以听见，有金属撞击的声音由绳索中传来。如果不用汤匙，而改用更重的东西，这个实验会做得更理想。

月宫为何静悄悄

1969 年 7 月 20 日，美国阿波罗 11 号载人宇宙飞船成功地在月球上着陆。这是人类历史上第一次飞出地球，来到另外的星球上。当三名宇航员步出登月舱，踏上月球的土地时，他们惊奇地发现，呈现在面前的是一个完全陌生的荒凉世界：这里没有空气，没有水，没有任何生命，更没有传说中的琼楼玉宇，玉兔嫦娥；有的只是陡峭光秃的山岭、大大小小的坑穴。特别令人感到吃惊的是，这里四下死一般的沉寂，一点声息也没有，即使大喊大叫，也听不到任何声音。

月球上为什么没有声音呢？为了回答这个问题，我们不妨做一个实验。

月宫世界

把一只正响着的闹钟，放进带抽气机的玻璃罩内。开始时，钟的闹声听得很响；可是随着罩内的空气逐渐被抽出，闹声也就渐渐削弱，最后竟会一点声音也听不到了。这个实验说明，我们平日听到的各种声音，是靠空气来传播的；如果没有了空气，声音也就消失了。月球上由于没有空气，人们自然也就听不到任何声音。

那么，空气是怎样传播声音的呢？原来发声物体振动时，紧贴着它的空气层因受扰动也跟着振动起来；近处空气层的振动，又会带动远处空气层的振动，远处空气层的振动还会带起更远层空气的振动。这样，正像一处水面振动会荡起环环水波一样，发声体的振动就会在空气中激起层层的声波。当传播的声波进入人耳后，带动了鼓膜的振动，鼓膜的振动刺激听觉神经并传达到大脑，于是人们就产生了声音的感觉，这就是平日人们所说的"听到了声音"。假如物体周围没有空气，即使它在不停地振动着，由于无法产生声波传入人耳，人们也就无从听到声音了。

声的功率

声音在介质中的传播取决于介质的质量，更确切些说，取决于密度和弹性。因而，声波的速度是这两个参数的函数。

虽然弹性的定义对固体和流体（液体和气体）来说是不同的，但是上面所说的关系在所有情况下都是正确的。

因此，声速随着弹性增加和密度减小而增大。因为固体和液体的密度大，气体的密度小，因此可以设想，声速在固体和液体中小一些。但是，固体和液体的弹性要超过气体的弹性许多倍，这又决定了声速在这些介质中比在气体中更大。例如，声速在钢中等于 5050 米/秒，在海水中约为 1500 米/秒，而在空气中约为 340 米/秒。但是，另一方面由于铅的弹性很小，声音在铅中的传播速度只有 1200 米/秒，几乎等于声音在氢中的速度（1270 米/秒），而氢，大家都知道，是一种密度非常低的气体。

声音传播的频率、波长和速度的相互关系如下：

频率 = 速度/波长。

频率可用每秒钟的振动数（通过某点的波数）测量。频率测量单位用赫兹，简称赫（1 赫相当于每秒钟振动 1 次）。根据上述公式可以得知，以频率 1000 赫传播的声音波长，在钢中为 5.05 米，在空气中为 0.34 米。频率为 10000 赫时，波长相应为 50 厘米和 3.4 厘米。

由同一公式显然可以看出，谐振器的"行为"（其固有频率）恰恰取决于声速度，因为在谐振结构中传播的声音波长受到谐振结构的严格决定。如果我们能够在氢的大气中演奏小提琴，那么就会获得像尖叫声一样频率很高的声音。在含有大量氦的空气中呼吸的潜水员的噪声可作为上面所说的一个很好的例证。他们的嗓音变得像迪斯尼的动画影片中的人物唐老鸭一样非常尖细，含糊不清。因为人的发音系统的谐振频率在含有大量氦的空气中，比在通常的空气中要高出许多。

声音的速度、波长和频率是以一定数值表示的十分明显的参数。对声音的功率作定量的估计就比较难，有两个原因：首先，声音的功率同其他形式的能比起来是太小了。例如，在 A·沃德《音乐物理学》一书中指出，50000 个球迷在 1.5 小时足球赛中喊叫的声能，只能烧热一杯咖啡！对放大器的功率作出估计则简单得多（每个无线电爱好者都能做）。声频放大器的功率很低，例如，对于光能或热能，10 瓦是非常小的量（试设想 10 瓦的电灯泡），但 10 瓦声频放大器的音量却足以保证许多人听得清。

第二个原因实质上是第一个原因的后果。虽然声功率值的上限不大，但是功率从刚能听见的声音到上限的变化范围很大，大到几乎难以置信的程度。大多数人在日常生活中经常碰到的功率最大的声音，或者使人受到刺激，或者能使耳朵产生痛楚。但是，即使使耳朵产生痛苦感觉的声音功率降低十万亿倍，这种声音仍然具有足以在空气中传播的强度。

我们用来对声音强度作客观度的量，应是我们主观感受的反映。通常用的是对数标度。例如，如果一种声音的功率比另一种声音的功率大 10 倍，通常认为第一种声音的强度比第二种声音大 10 分贝；如果大 100 倍，则为 20 分贝；大 1000 倍，则为 30 分贝；依此类推。换句话说，声音功率的比率每增加 10 倍，用分贝表示的声音强度也增加 10。

但是，用这种方法获得的不是绝对的标度，而不过是相对的标度。必须在一定程度上标出零强度级，以便由此计算读数。这个级是在主观指数——人耳的最小听阈基础上选择的，其客观值等于 10～12 瓦/平方米。这种声音的强度被取作 0 分贝。功率大 10 倍的声音，声强级为 10 分贝；大 100 万倍的为 60 分贝；大 10 亿倍的（这种声音使我们感到痛楚）为 130 分贝（相当于 10 瓦/平方米）。

自制示波器观察声波

科学家在研究各种波的时候，常常使用一种叫示波器的仪器。通过示波器，人们可以在光屏上看到声波、电波以及其他各种波的图形。

让我们造个土"示波器"，用它来观察声波。

找一只空铁皮罐头盒，去掉盖和底，用一小截铁烟囱也行。再找一个破气球，把气球皮剪开，盖到铁筒的一头，用小线或皮筋把气球皮绷紧扎牢。再找一小块镜片（约 3～9 平方厘米），没有镜片找一小块玻璃也可以。把小镜片粘在绷紧了的气球膜上，使小镜子的位置在铁筒口的一侧（不要在正中心）。这就是一个土"示波器"。

在有阳光的情况下，你拿着土"示波器"站到窗口，让阳光斜射在那块小镜子上，看！小镜片反射出的阳光在墙上映出了一块光斑。那就是土"示波器"的光屏。当你对着土"示波器"的筒口高声喊叫的时候，光屏上出现了波影！

显然，这是由于你喊出来的声波使土"示波器"的膜发生振动的结果。为了进一步研究波的性质，你不妨找一根绳子再做个实验。

把一根绳子的一头固定在墙上，用手拿着另一头，把绳子拉成水平。好，你的手上下振动吧，看！绳子上出现了一个凸起又凹下的状态，并且向前传播开来。这个一会凸起一会凹下的状态，就是一种波。

向平静的水面投上一块石头，就能激起一圈圈的水波，水波涟漪向外传播。水面上漂浮的树叶随着水波的到来忽上忽下，却不会漂走。如果你在抖绳子时，在绳子上穿上一个小纸片，你会发现，那纸片虽然跟着波上下振动，却不会随波游动，移到墙头。这说明，机械波传播的是振动和振动的能量，而不是物质本身。

振动在它周围物体中的传播就叫波。

那么，空气中的声波是怎样传播的呢？我们不妨找一根软些的弹簧再做个实验。

把弹簧的一端固定在墙上，用一只手提起另一端，轻轻一推，看！弹簧圈一疏一密地向墙壁运动了。

仔细看一看弹簧上的波动，你就会发现，它和绳子上的波动大不相同：弹簧上的每个点（我们叫它质点）振动的方向和波的传播方向是相同的；绳子上的每个点振动的方向却和波的传播方向相垂直。我们把质点的振动方向与波的传播方向相同的波叫纵波，质点的振动方向与波的传播方向相垂直的波叫横波。

我们再仔细分析一下土"示波器"的实验：声波从铁筒的口传进去，由筒里的空气传到皮膜，引起皮膜振动，皮膜振动的方向和波的传播方向是一致的，因此，空气中的声波是纵波。

在抖绳子的实验中，你会看到两个相邻的凸起之间有一个凹下去的部分，那凸起的部分叫波峰，那凹下去的部分叫波谷。两个相邻波峰中点之间（或两个相邻波谷中点之间）的距离，就叫一个波长。你会发现，如果你抖动得均匀，那波长是一定的。

纵波的波长是指两个相邻密部中心之间（或者两个相邻疏部中心之间）的距离。

波传播的速度叫波速，波速（v）、波长（λ）和频率（f）的关系是：

波速 = 频率 × 波长，即 $v = f\lambda$。

"声速"在"捣鬼"

学校运动会的入场式正在进行。在军乐队的带领下，一支浩浩荡荡的运动员队伍，迈着矫健的步伐，进入体育场。这时，一个奇怪的现象出现了：

尽管运动员们都是按着军乐队的鼓点迈着步子，可是大家的步伐并不整齐；有的迈左腿，有的迈右腿，有的腿脚正抬得很高，有的却已落下，各式各样，看起来非常零乱。是什么原因使运动员的步伐走不整齐呢？是事先没有操练好吗？不是，是"声速"在"捣鬼"。

原来声音在空气中传播是需要时间的。科学家经过精密地测量知道，声音在空气中每秒钟大约传 340 米。用句科学术语说，就是空气中的"声速"为每秒钟 340 米。当运动员队伍按照领头的军乐队的鼓点迈步前进时，由于同一声鼓点传到前后队员耳中的时间不同，因此他们起落的脚步也就有先有后，这样队伍的步伐就不会一致了。人走路时每前进一步大约需要 0.5 秒钟，而鼓点声在 0.5 秒钟内要传 170 米。所以，当某一队员听到某声鼓点迈出左腿时，在他身后 170 米远的另一队员 0.5 秒钟后才会听到这声鼓点迈出左腿，而此时前一队员已经开始迈右腿了，恰好差了一步。

在运动场上，不知道大家注意过另一种现象没有：举行百米赛时，在起跑处总要竖起一面黑牌。发令员发令时，要把信号枪举到黑牌前并发出起跑的枪声。这是为什么呢？其实道理很简单：起点运动员是按信号枪的枪声起跑的，而终点裁判员却不能按枪声启动秒表计时。因为枪声传播到终点需要一定的时间（大约需 0.3 秒钟），如果那样，计时就不准确了。为了保证计时的准确，发令员在信号枪的背后安一黑牌；在信号枪发出枪声的同时发出的白色烟雾，在黑牌的反衬下，能够被终点的裁判员清楚地看到。由于白色烟雾的光传播得很快（比声速快 90 多万倍），它传播 100 米所需的时间可忽略不计，因此终点裁判员在看到白色烟雾时启动计时，就不会有什么误差了。

"闪光雷"测声速

春节时你放过"闪光雷"这种爆竹吧？把它点燃之后，一声巨响和一道光亮同时从那爆竹上发射出来。现在，我们就用它测量一下声速。

找一块秒表或带秒表功能的电子手表，准备几只"闪光雷"爆竹。然后到一片开阔的地方，一位同学拿着闪光雷站在一个地方，另一位同学跑到距甲有 1000 米或 500 米的地方，准备好秒表。当看到燃爆的闪光雷的闪光时马上按表，听到声音时再按一次表，看看经过了几秒钟，计算一下声速。

1738 年，法国有几位科学家做了类似的实验，测定了空气中的声速：他们把两门大炮架在相距 27 千米的两个山头上。先在甲山放炮，乙山上的人计算看见炮火以后到听到炮声的时间，然后再由乙山放炮，甲山计算时间。实验结果是，从甲到乙和从乙到甲的声速都是一样的，是 337 米/秒（读做"337 米每秒"）。

后来又做了许多次实验，证明声波在空气里的速度和声音本身没有关系，炮声和雷声，高音和低音，声速都是一样的。但空气温度不同，声速就不同了。－30℃时声速为 313 米/秒，100℃时声速为 386 米/秒。温度越高，声速越大。大约气温每升高 1℃，声速就要增加 0.6 米/秒。在 20℃的空气里，声波的速度是 344 米/秒，现在常说的声速就是指的这个速度。

精确的实验还证明，各种气体中的声速是不同的。在同样状态下，气温为 0℃，二氧化碳中的声速是 259 米/秒，氢气中的声速是 1284 米/秒，氧气中的声速是 316 米/秒，水蒸气中的声速是 494 米/秒。

必须指出的是，这里说的是声波在开阔的空间里的传播速度，声波在管子里传播的速度是会变快的。

掌握了声速的规律，就可以用它来计算距离了。有经验的战士根据炮火的火光和声响就能估计出大炮的距离。你能用一块秒表，根据闪电和雷声的时间差，计算出打雷的地方有多远吗？

子弹与声音赛跑

一放枪，子弹"嗖"的飞出去了，同时有很强的声音发出。子弹在飞行的时候，不断地冲击着空气，同时伴随着呼啸声。

有人说，子弹射出枪口的速度大约是 900 米/秒，声音空气中传播的速度一般是 340 米/秒，子弹的速度是声速的两倍多，当然是子弹跑得快。

真是这样吗？我们再来看看，子弹在飞行过程中，不断地跟空气发生摩擦，它的速度会越来越慢，可是声音在空气中的速度，一般却很少变化。那么到底是谁跑得快呢？

还是让我们来看看子弹和声音的赛跑吧！

第一个阶段，从子弹离开枪口到 600 米内的距离，子弹飞行的平均速度

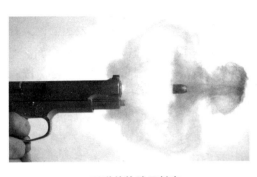

子弹从枪膛里射出

大约是450米/秒，子弹跑得比声音快得多，遥遥领先。在这段距离里，如果听到枪声，子弹早已越过了你，飞到前面去了。

第二个阶段，从600～900米的距离里，由于空气的阻力使子弹的速度减慢，子弹已经不及声音跑得快了，这时，声音逐渐赶了上来，两个赛跑者几乎肩并肩地到达900米的地方。

第三个阶段，在900米以后，子弹越跑越慢，声音后来居上，终于超过了子弹。到了1200米的地方，子弹已经累得精疲力竭，快要跑不动了，声音却远远地跑在前面了。这时候，如果你听到了枪声，子弹还没有到你的面前呢！

赛跑的结果，子弹只能获得900米以内的冠军，而最后的冠军却属于声音。

用音速测距离

知道声音在空气中的速度时，则可以利用"音速"来测定距离。焦耳·威尔诺在他的著作《地心之旅》中，曾经描述过这种情形：

"在地底旅行中，教授和他的侄儿最后迷路而分开了。可是，两个人还可以听到彼此喊叫的声音。于是，两个人以喊叫的方式做了如下的谈话：

'叔叔！'侄儿喊叫着。

'你怎么了？'过了一阵子，才听到教授的回答声。

'我很想知道我和你离开了多远。'

'这是很简单的事，'教授说：'你的手表没坏吧？'

'对，我的手表还在走。'

'那好，等下你叫我的时候，就看一下手表的时间。等我听到你的声音后，我也会马上喊你的名字。然后，等你又听到我的声音时，你再看一下手

表的时间。这样你了解吗？也就是说，你发出声音和听到我的声音这一段时间的一半，就是声音从你那里传到我这里的时间。'

'我了解了，叔叔，我要叫你的名字了。'于是侄儿叫着教授的名字，并看了一下手表。隔了一阵子，那边也传来教授呼叫侄儿名字的声音，于是侄儿又看了一下手表，然后又喊：'叔叔，一共40秒钟。'

'很好。'教授的声音又传过来了，'那也就是说，声音从你那边传到我这边需要20秒钟的时间。而声音在空气中每秒钟的速度是330米，这样来计算的话，从这里到你那边，差不多有7千米的距离。'"

如果上面这段对话你能了解，则下面的问题你也就能够回答了。这个问题就是：看到火车头的汽笛从远远的地方冒出白烟，而经过1.5秒钟以后，才听到汽笛的声音，那么，火车距离我们有多远呢？

从"夜半钟声到客船"说开来

一个秋天的夜晚，唐朝人张继乘船来到苏州城外的枫桥。江南水乡秋夜幽美的景色，吸引着这位怀着忧愁的游子，使他领略到一种情味隽永的诗意美，于是他写下了意境清远的小诗《枫桥夜泊》：

> 月落乌啼霜满天，江枫渔火对愁眠。
> 姑苏城外寒山寺，夜半钟声到客船。

诗的大意是：月落夜深，江面上弥漫着茫茫雾气。透过朦胧的夜色，可以看到星星点点渔家的灯火，映照在船上正在睡眠的旅客身上。这时，城外寒山寺的大钟敲响了，阵阵悠扬的钟声，从遥远的地方传到了停在岸边的船上。

张继的这首诗清丽迥远，情景交融，是流传千古、脍炙人口的佳作。特别是最后一句"夜半钟声到客船"，不但是全诗神韵最完美的体现，而且，从科学角度讲，它还客观地描述了一种自然现象。

大家或许都有这样的生活体验：夜里声音比白天传得远。白天，尤其是炎热夏天的中午，无论怎样大声呼喊，声音也传不远；可是到了夜里，远处的叫喊声都能听得一清二楚。热天傍晚在外乘凉，人们常常可以听到远处传来的各种声音，而这些声音白天是很少听得到的。"夜半钟声到客船"正是这一类现象的生动描述。

许多大城市都矗立着巨大的报时钟，悠扬的钟声，向周围的人们准确地报告着时间。

你若是一个有心人就会发现：夜晚和清晨，钟声听上去很清楚，一到白天，钟声听起来就不太清楚了，有时甚至听不见。

那么，为什么会"夜半钟声到客船"呢？

有人可能会说，这是因为夜晚和清晨的环境安静，而白天声音嘈杂。

其实不然。广袤无垠的大沙漠，白天和夜晚都异常安静，然而在那里白天却很难听到远处的声音，甚至在几十米外爆破，人们都常常听不到爆炸声。可是到了夜晚，情况就不同了，空中不时传来各种声音，间或还能听到远处城市的喧嚣声，人们戏称它为声音的"海市蜃楼"。

究竟什么原因使声音在夜间比白天传得远呢？原来这也是声音弯射的结果。

声音是靠着空气来传播的。它在温度均匀的空气里，是笔直地往前跑，一碰到空气的温度有高有低时，它就尽拣温度低的地方走，于是声音就"拐弯"了。

白天，太阳把大地晒得很热，地面的温度远高于高空的温度。这时声音传播的路线向上弯曲，这样离开发声物体稍远一些的地方，声音就传不到，形成寂静区。人们在寂静区里是听不到发声物体发出的声音的。而到了夜晚情况发生了变化，地面由于迅速散热，使得它的温度低于了空气的温度，而且离开地面越高，空气的温度也就越高。这时声波传播的路线变成了向下弯曲，这样地面附近就没有了寂静区，声音传向了远方。如果声波较强，传到地面的声音还会被地面反射到高空中，声波就会继续上面的弯射过程，直到最后消耗殆尽为止。这样一来，声音就会传向很远的地方。于是，人们在很远以外也能清晰地听到钟声。看来，"夜半钟声到客船"还真有点科学道理呢！

声音的这种脾气，会造成一些有趣的现象。在炎热的沙漠里，地面附近的温度极高，如果在 50～60 米以外有人在大声呼喊，只能看见他的嘴在动，却听不到声音。这是由于喊声发出后，很快就往上拐到高空中去了。相反，在冰天雪地里，地面附近的温度比空中来得低，声音全都沿着地面传播，因此人们大声呼叫时，能传播得很远，甚至在 1000～2000 米以外也能听见。

滑铁卢战役

有时，由于接近地面的空气温度忽高忽低，声音也会跟着拐上拐下，往往造成一些较近的区域听不到声音，更远的地方反而能听到声音。1815 年 6 月，在著名的滑铁卢战役中，战斗打响以后，部署在战场附近的 25 千米处的格鲁希军团竟无一人听到炮声，因此没能按作战计划及时赶来支援拿破仑。而在更远的地方，隆隆的炮声却清晰可闻。声音的传播性质影响到一个战役的胜败。

"闹中取静" 之谜

100 多年前，德国和法国在法国某地发生了战斗。激烈的炮火声震四方，在几百千米之外都清晰可闻。可是有人来到离开前线并不太远的巴黎市郊，却发现这里异常寂静，几乎听不到枪炮声。

无独有偶，20世纪初，荷兰一座军火库突然爆炸，惊天动地的轰响，惊扰得几十千米之外的城乡鸡犬不宁，可是离开出事地点只有几千米的一些地方的居民，却不知道爆炸这回事，因为他们根本就没有听到爆炸声……

据说，在第一、二次世界大战期间，也曾发现过此类奇异现象。

震天的巨响，近处没听到，远处却听得清，岂非咄咄怪事？为了解开这个谜，科学家进行了深入的分析和研究，最后终于搞清楚，原来这种现象的发生，是地球大气层一手造成的。

大家知道，在地球周围裹着厚厚的大气层。很早人们就发现，大气层各处的温度是不同的。一般说来，离开地面越高，它的温度就越低。但是，当高度超过10千米时，情况却发生了变化：从10～50千米这个范围内，高度越高，温度也就越高。声波有个古怪的"脾气"，它在温度高的地方跑得快，而在温度低的地方跑得慢。因此，声波在不同高度的大气层中的传播速度也就不同：在大气下层，速度随高度的增加而减小；在大气上层，速度却随高度的增加而增大。

如果我们把一队短跑运动员，按照他们的速度大小由高到低并列排成一行的话，那么起跑以后，他们就不会再保持原来的水平线，而是逐渐发生弯曲，形成一条由速度高弯向速度低的弧线。同样的道理，在大气层中传播的声波，由于在不同高度上速度不同，传播路线也要发生弯曲：在大气下层向上弯曲，而在大气上层要向下弯曲，这种现象叫做声音的弯射。

明白了上面的道理，我们就可以回过头来解释刚才的问题了。当地面上由于爆炸等原因产生巨响时，强大的声浪传向了四面八方。其中沿着地面传播的声波，由于沿途树木、山岳、建筑物以及其他凹凸不平物体的反射和吸收，传不多远便消耗殆尽了。而涌向大气层的声波，开始慢慢向上弯曲，到了一定高度的高空后，又逐渐弯向了地面。如果声波很强，到达地面的声波还可以继续这样的弯射，以致把声音传到很远的地方。然而在地面声波传不到，弯射的声波又到达不了的广大中间地带，虽然离开声源并不甚远，却"闹中取静"，成了听不到巨响的"寂静区"。

揭秘"戴奥尼歇斯的耳朵"

在意大利西西里岛上，有一个著名的采石窟，窟内呈圆拱状，像一只斜放的鸡蛋壳。出入口开在离窟底40米的高处，通过一段不长的通道，人们可以进入窟内。有意思的是，当人们站在通道上某个位置的时候，可以清晰地听到来自窟底微弱的声音，甚至撕裂一片布帛，听起来也十分响亮。据说古代叙拉古的暴君戴奥尼歇斯，就曾把反对他的政治犯囚禁在这个石窟的窟底，并派人潜伏在通道的某个地方，窃听犯人们私下的谈话，因此后人就把这个石窟起名叫做"戴奥尼歇斯的耳朵"。

那么，"戴奥尼歇斯的耳朵"的奥秘在哪里呢？我们说过，声音在传播的过程中，如果碰到障碍物它就会发生反射。在石窟内，因周围都是坚硬的石壁，因此物体发出的声音会从四面八方反射回来。由于石窟表面的特殊形状，这些来自四面八方的声音都集中在了某一小区域内，这样，在这位置或区域内的声音就变得特别响亮，这种现象叫做声音的聚焦。

为了进一步了解声音的聚焦，我们自己不妨做这样一个实验：打开一把雨伞，把表悬挂在伞内靠近伞顶的柄上，然后将伞架在肩上。这时表虽然离开耳朵较远，但表的走动声仍清晰可闻。我们听到的表声，就是通过伞面聚焦后传进耳朵中去的。

其实，声音的聚焦现象在生活中处处可见。我们在拱形隧道或石桥的桥洞下讲话时，感到声音格外洪亮，就是声音的聚焦的结果。不少动物在野外或夜晚，常常把耳朵竖起来，并不停地转动，就是利用它们耳廓对声音的聚焦作用来捕捉周围微弱的声音信息。人在听不清远处传来声音的时候，有意无意地把双手拱在耳后，也是为了增强耳廓对声音的聚焦效果。

人类很早就观察到了声音的聚焦现象，并巧妙地把它应用在实际中。据说古时候一队人马兵败后，被敌军逼进了一座高山的隘口之中，眼看就要全军覆没，情势非常紧急。就在这时，他们发现部队所在山口的背后是一个喇叭筒状的山谷。于是他们经过密谋，决定趁夜晚天黑时，一面在山谷中燃火鸣炮，一面齐声呐喊向外突围。结果，由于山谷对声音的聚焦造成的"虚张

声势"无异于千军万马，敌军以为对方大队援军到来，因此匆匆撤军后退。就这样，这队人马绝处逢生，安然脱离虎口了。

声音的镜子

任何一种能反射声音的障碍物，例如一栋很高的建筑物、一面很高的墙、一座山等，对声音而言，都像一面镜子一样。也就是说，障碍物能反射声音就像镜子能反射光线一样。

"声音的镜子"有的是平坦的，有的则为曲线形状。有的凹面镜具有像"反射望远镜"一般的作用，它能把音波集中在某一个焦点上。

如果有两个比较深凹的碟子，就可以用来做一个有趣的实验：把一个碟子放在桌子上，然后站在距离桌子几厘米的地方。右手拿着手表摆在桌上的碟子上，左手拿着另一个碟子放在耳朵旁边。这时，如果手表、耳朵和两个碟子的位置适当的话，那么，你就能从耳朵旁边的碟子听到滴滴答答的声音。如果你再把两眼闭起来的话，就会觉得滴答之声似乎变得更大。

在一本 16 世纪的古书中，记载着一种有趣的传声装置。设计这种巧妙装置的人，把石制的传声管藏在墙壁里，而且这个传声管是从庭院通到室内的，当庭院中的各种声音经过传声管而传入室内时，就会因为圆形天花板的反射，而集中在传声管附近的半身像的嘴唇上。于是，来访问这个建筑物的人，就好像听到大理石做的半身像正在轻声地喃喃自语，或正在低声地唱着歌。

声的衍射

据《史记·项羽本纪》记载，汉五年（前202）十二月，西楚霸王项羽被汉王刘邦打败之后，被困在垓下（今安徽灵璧县东南）城内。夜晚，忽然从城外传来众人齐唱的楚地民歌。项羽闻之大惊，以为汉军全部占领了楚国，自己已经四面受敌，走投无路，于是率兵突围，最后自刎于乌江。这就是历史上有名的"四面楚歌"的故事。

上面的故事大家是熟悉的，可是你有没有想到过这样一个问题：高大坚实的垓下城墙，能够阻挡住汉军的千军万马，为什么它却不能挡住城外的歌声呢？这歌声又是怎样传到城内让城下人们听到的呢？

问题的答案是显而易见的：城外的歌声是绝不会从城墙中穿透过去，它只能是从城墙上方绕过城头传播过去的。声波这种绕过障碍物传播的特性，叫做声的衍射。

声波发生衍射是有条件的。为了说明这一点，我们先来看一个水波的例子：把一个石子投入湖中，水面上便会荡起环环绿波。水波在传播过程中，如果遇到一根飘浮的长木条，水波便会被阻挡住，而在木条后面形成一块没有水波到达的"阴影区"。可是当水波遇到一根细木桩时，它却能绕过木桩，到达它后面的任何地点，"阴影"消失。可见，水波的衍射是和障碍物的大小有关的。

同样，声波发生衍射也和障碍物的大小有关。当声波在传播过程中遇到大的障碍物（如高耸的楼房）时，它就会受到阻挡，而在障碍物的后面形成"阴影"，人们在"阴影"里是听不到声音的。如果障碍物较小，情况就不同了，声波可以绕到障碍物后面的"阴影"区域中去，而被人们收听到。

那么，障碍物的"大"或"小"，又如何区分呢？科学家为它找了个尺度，这就是声波的波长。所谓"波长"，就是声源每振动一次，它所产生的声波向前传播的距离。我们平常听到的声音的波长，因声音频率的不同而不同，一般在几米到十几米之间。凡尺寸远大于声波波长的障碍物，就被认为是大障碍物，否则就被视为小障碍物。

由于声波的波长比较长，可以和一般障碍物的尺寸相比拟，所以在日常生活中很容易观察到声波的衍射现象。例如，人们隔墙可以听到墙外面的声音，站在圆柱后面的人，可以听清对方的讲话等，都是由于声音的衍射造成的。

其实，声波在传播过程中，不仅遇到较小障碍物时能够产生衍射，就是遇到口径与声波波长接近或者更小的孔洞时，也会产生衍射。我们开着窗子可以听到邻室发出的声音，人们通过门上钥匙孔或狭缝，可以在门外听到室内谈话的声音等，就是常见的例子。人在讲话时，由于嗓音的波长比嘴巴大，因此他所发出的声波就会产生衍射，结果这声音不只是传向前方，也传向其他方向。这就是为什么一个人讲话时，我们无论站在他的对面、身旁甚至身后，都能够听清楚他讲话的声音的原因。

建筑与声音

　　建筑和声音有着密切的关系，你不妨在各种建筑物里去听一听。

　　在空旷的操场上说话，你会觉得声音不响而且单调；在空空的大礼堂里说话，你会听到很响的回声；在教室、在卧室、在厨房、在楼道，你在各种建筑物里说一说，听一听。经过比较你会发现，同样是你的说话声，在各种建筑物里听起来却不相同。

　　为什么在空无一人的礼堂里说话，反而觉得听不清呢？这是因为除了从声源发出的声波之外，还有从距离不同的物体反射回来的许多声波，这些回声不能同时到达你的耳朵，这就使你感到声音变了。这种现象叫做混响。混响时间和建筑物的结构有关，是可以控制的。例如，北京首都剧场的混响时间，坐满观众时是 1.86 秒钟，空的时候是 8.8 秒钟。

　　混响时间太长了会干扰有用的声音，混响时间过短也会使人觉得声音单调。建筑学家要处理好这些难题，是要花一番心思的。

　　人民大会堂里有个万人礼堂，体积有 9 万多立方米，表面积有 1 万多平方米，要求它具备的音响性能是：有合适的混响时间；噪声小于 35 分贝；开会发言时，每个座位都能听到 70 分贝清晰的声音；舞台演奏时，每个座位都要听到 80 分贝丰满的乐曲……怎么办呢？

　　这就要根据声波特性和人对声音的感觉，从建筑设计、建筑材料、建筑构造、扩音设备等方面进行综合研究。专门研究这些问题的科学叫建筑声学。

　　天坛回音壁说明了我国古代建筑声学的卓越成就，人民大会堂则显示了我国 20 世纪 50 年代建筑声学的水平。

　　万人会堂的扩音设备，采用了分布放大系统，分别在座位上装了 8000 只小喇叭，每只喇叭的功率只有 0.1 瓦，能产生 75 分贝的声级。由于这么多小喇叭分布在全场，电传输的速度又极快，主席台上讲话的声音一下子就传满了大会堂的各个角落，使听众感到是在直接聆听发言。此外，礼堂还采用了立体声放大系统，舞台上配置 14 个传声器，文艺演出时观众听到的乐曲更真切。大礼堂满座时的混响时间是 1.6 秒钟，全空时只有 3 秒钟。万人会堂的巧妙声学设计，是在我国著名声学家马大猷教授亲自领导下完成的。

鸟 巢

2008 年北京奥运会的主场馆"鸟巢"，在奥运会期间设有 10 万个座位，承办该届奥运会的开、闭幕式，以及田径、足球等比赛项目。由 2001 年普利茨克奖获得者赫尔佐格、德梅隆与中国建筑师李兴刚等合作完成，形态如同孕育生命的"巢"，它更像一个摇篮，寄托着人类对未来的希望。

鸟巢的碗状坐席环抱着赛场的收拢结构，上下层之间错落有致，无论观众坐在哪个位置，和赛场中心点之间的视线距离都在 140 米左右。"鸟巢"的下层膜采用的吸声膜材料、钢结构构件上设置的吸声材料，以及场内使用的电声扩音系统，这三层"特殊装置"使"巢"内的语音清晰度指标指数达到0.6——保证了坐在任何位置的观众都能清晰地收听到广播。

神奇的音乐疗法

一天，一位病人走进了意大利罗马某家医院，自诉胃疼多日。医生对他进行了认真的检查，确诊他患的是"胃神经官能症"。可是，医生并没有给病人开出治疗药物，而是给了他一张德国作曲家巴赫的音乐唱片，要他每日三餐后按时收听。病人回家后遵照医嘱去办了，结果不久病就痊愈了。

不打针、不吃药，更不用开刀动手术，只是听听音乐就能治好病，这确是一种神奇的治疗。这种治病方法叫"音乐疗法"，目前已被许多国家所采用。在塔吉克斯坦共和国有一个疾病防治所，就是让病人坐在安乐椅上，通过收听悠扬悦耳的音乐来治病的。在澳大利亚有个诊所，医生应用音乐疗法，帮助轻度耳聋的儿童提高声音的分辨能力。1984 年，我国在湖南也建立了第一个"音疗室"，通过使用大型多功能"音疗机"，对数百名病人进行了治疗。

音乐作为一种医疗手段，由来已久。早在2000多年前，我国古老的医学专著《黄帝内经》中，就讲到了音乐的医疗保健作用。司马迁的《史记》中，有"宫动脾，商动肺，角动肝，徵动心，羽动肾"（宫、商、角、徵、羽是古代五声音阶中的五个乐音，相当于简谱中的1，2，3，5，6）的说法，可能就是古人针对不同器官的疾病，采用对症下"乐"的医疗经验总结。在国外，音乐治病出现得历史也很早。例如，在古希腊的著作中，就有"大卫的竖琴（竖琴是国外的一种弦乐器，在直立的三角形架上安着46根弦）安抚过所罗门王忧郁的情绪"、"巴赫的戈德堡变奏曲治愈了凯瑟林伯爵的失眠症"等记载。

但是，真正把音乐疗法广泛应用于临床，还是20世纪70年代以后的事。在美国，人们把音乐疗法和传统疗法结合起来，有效地治愈了偏头疼症；英国剑桥大学口腔治疗室，用音乐代替麻醉剂，成功地为200多名患者拔除了病牙；德国赫莱尔体育医院的医生，用一种特别的"音乐麻醉法"，施行了万余例手术；日本某医院用带有催眠曲录音带的"音乐枕头"，治好了神经衰弱者的失眠症。此外，不少国家的医院还用音乐疗法来治疗原发性高血压、消化性溃疡、神经官能症、精神病等。

多年的临床实践表明，音乐疗法具有明显的镇静、降压、止痛、减慢呼吸和基础代谢的速度等作用。因此，它特别适合用来治疗因精神因素和心理失衡引起的各种病症，尤其是对头痛、头晕、心悸、胸闷、血压高等疾病最为有效。治疗方法可采用让患者直接去欣赏音乐，通过领悟音乐所产生的各种效应，达到心理上的自我调整；也可把音乐和舞蹈或体操结合起来，做到身心并用，协调动作，例如，美国科罗拉多州州立大学生物医学音乐研究中心的研究人员，给十名中风病人接上传感器，然后让他们跟随舞曲的节奏步行，一个月后，病人的蹒跚之步明显改善。作为用来进行音乐治疗的乐曲，一定要根据病人的病情需要和个人特点进行严格选择，一般以内容健康、节奏明快、旋律优美、曲调悠扬的古典乐曲或轻音乐为宜。

音乐疗法作为心理治疗的一种重要方法，虽然才起步不久，但已经显示出神奇般的魔力。相信随着治病机理的深入研究和医疗经验的逐渐丰富，它必将不断给人类带来新的福音。

植物也"喜欢"音乐

　　若干年前，有两位印度的音乐爱好者举办了一次别开生面的"音乐会"。参加"音乐会"的不是普通的听众，而是一种叫"黑藻"的水生植物。"音乐会"的安排也很别致：他们把黑藻分成两个组，其中一组每天听的是优美抒情的小夜曲，另一组听的则是嘈杂刺耳的喧闹声。几天后，他们惊奇地发现，听小夜曲的黑藻生机盎然，长得十分旺盛；而听噪声的，则萎靡不振，形体明显瘦弱。后来，他们又选用一首古老的印度歌曲对含羞草进行试验。结果证实，听过音乐的含羞草比没有听过的要枝繁叶茂，并且平均长高50%。

　　两位印度研究者的试验表明，植物也"喜欢"音乐！这一事实引起了农学家们的关注，他们首先想到的就是，能不能利用音乐来促进农作物的增产呢？为了弄清楚这个问题，许多专家纷纷开展了各种试验活动。有一位国外农作物专家，从1960年开始，连续3年在大田上对粮食作物进行了试验。第一年，他选择了两块土壤条件相同的土地，都种上玉米和大豆。然后对其中一块土地，每天坚持昼夜播放《蓝色狂想曲》。几天以后他就发现，播放音乐地里的幼苗首先破土而出，而且长得格外粗壮。又过了几天，他从两块地里各齐根割取了10棵玉米和大豆的幼苗，分别称了一下它们的重量，结果播放音乐地里的苗比另一地的苗重了差不多1.5倍。

　　第二年，他仍在两块田地里种上了玉米。不过，他在其中一块地里安上了一只扩音喇叭，每天播放的是不同的乐曲。试验的结果是，播放音乐地里的玉米，比另一地里的玉米，要高出5~8厘米，并且提早3天吐绒。最为明显的效果是，作物收获后，音乐地里的玉米产量每亩要多收154千克。

　　第三年，他把试验田扩大为4块地，除一块地继续不播放音乐外，其余三块地分别播放单一的高音、低音和与原先相同的乐曲。试验的结果是，凡播放音乐或音响地里的玉米产量，都高于不播放音乐地里玉米的产量，其中又以播放低音地里产量最高，增产幅度高达17.3%。

　　这位专家的试验证实，音乐在粮食作物从发芽、生长到收获的整个过程中，都会产生明显的作用；而且音乐的音调越低，增产的效果越好。

　　另外，也有许多专家对水稻、烟草、花生、蔬菜等作物进行了试验，结果证实音乐对各种作物都有增产的效力。例如，日本的研究人员通过每天3次给莴苣等蔬菜播放音乐，使其产量提高了30%，而且减少了病虫害。最为有趣的是，一些专家在做音乐增产试验中，创造了许多惊人的奇迹。法国一园艺家给棚架上的番茄戴上耳机，每天听3小时音乐，结果番茄长到2千克重；英国研究人员给甜菜和卷心菜听音乐，结果一棵最重的甜菜长到6.35千克，最重的卷心菜重达27千克；前苏联专家利用音乐刺激法，使萝卜长到2.5千克，蘑菇直径达60厘米，甘薯有足球大……

　　音乐为什么能促进农作物增产呢？生物学的研究，初步揭开了这个秘密。原来，在有节奏的音乐声波的刺激下，生物体内细胞的生命活动迅速增强，这加速了细胞的新陈代谢，促进了作物的生长。另一方面，声波的作用还能提高土壤的温度和激活土壤中有益的微生物，这也为农作物的茁壮成长，创造了有利的条件。

超音速飞行缘何发雷声

　　声音是一种波。在声波传播的过程中，已被扰动的空气和未被扰动的空气之间有一个分界面，我们把这个分界面叫做波阵面。如果声源是静止的，波阵面就是一个向外扩展的球面，在竖直剖面上是一个圆。如果声源是运动的，而且声源的运动速度超过了声速，尽管每个时刻声源依然向外发出圆形的波，但这些圆形波却聚集成了直线形的波阵面，也就是波阵面不再是圆形的了。这时，就会产生称为音暴的奇异的声学现象。

　　飞机作超音速飞行时，机头、机翼、机尾等处都会引起周围空气发生急剧的压力变化，产生强烈的前激波和后激波，这两种声波的强度都很大。当前激波经过时，空气压力突然增高，随后，压力平稳下降，以至降到大气压以下。接着，当后激波经过时，压力又突然上升，并逐渐恢复到大气压力。前后两个激波经过的时间间隔约为0.12～0.22秒钟。如果飞机的飞行高度不太高，我们就可以在激波经过的瞬间，听到好似晴天霹雳的雷声或像炮弹爆炸的声音，这就是超音速飞机飞行时产生的所谓音暴。由于有前后两个激波，所以我们能够听到短促而猛烈的两声音暴。

音暴与飞行高度和速度有关。在同样飞行速度下，飞行高度越低，地面受激波的影响就越强，反之就弱。同样，在高度相等时，飞行速度越大，激波越强，反之就小。如果在低空做超音速飞行时，产生的音暴甚至能将建筑物震塌。因此，在一般情况下，飞机做超音速飞行，应不低于规定高度，这样可以减弱对地面的影响。

超音速飞机在飞行中产生音暴

多普勒效应

多普勒是 19 世纪奥地利著名物理学家。1842 年，他发现了一种奇妙的现象：如果一个发声物体相对人们发生运动，那么人们听到的声音的音调就会和静止时不同：接近时音调升高，远离时音调降低。这种现象后人称为多普勒效应。

多普勒效应在我们日常生活中不难观察到。前面讲到的当一列火车鸣叫着汽笛从我们身边飞驰而过的时候，大家都会有一个明显的感觉：列车由远而近，笛声越来越尖；列车由近而远，笛声又逐渐低沉下去。这就是一种多普勒效应。在战场上，当空中炮弹飞来时，人们听到炮弹飞行的声音音调逐渐复高；而当炮弹掠过头顶飞过去以后，炮弹飞行的声音音调就渐渐降低。这也是一种多普勒效应。

多普勒效应的产生并不奇怪。我们说过，人耳听到的声音的音调，是由声源（振动物体）的振动频率决定的。这是就声源相对人静止不动的情况而言的。这时，声源每秒钟振动多少次，它每秒钟就发出多少个声波，当然人耳就接收到多少个声波，人耳鼓膜的振动频率与声源的振动频率相同。可是，当声源相对人运动时，情况就不同了。如果声源以某种速度向人靠近，这时声源每秒钟的振动次数（频率）仍不变，它每秒钟发出的声波个数也不变，

但因波源与人的距离逐渐缩短，波与波之间挤在了一起，因此，每秒钟传进人耳的声波个数却增加了，即人耳鼓膜的振动频率增大了，所以听到的声音音调就要提高了。反之，声源若以某种速度离人而去，则人耳每秒钟接收到的声波个数就会减少，所以听到的声音音调自然就要降低了。这就是多普勒效应产生的原因。声源的运动速度越大，它所产生的多普勒效应也就越显著。有经验的铁路工人，根据火车汽笛音调的变化，能够知道火车运动的快慢和方向；久经沙场的老兵，在战场上根据炮弹飞行时音调的变化，能够判断其危险性。他们实际上就是应用了多普勒效应。

从以上分析我们还可看出，多普勒效应的实质，就是观测者（人或仪器）所接收的声波的频率，随着声源的运动而改变：静止时，它等于声源的频率；运动时，要高于或低于声源的频率；运动速度越大，这种变化也就越大。很显然，由于声源运动所带来的观测者接收的声波频率的变化，也就为人们研究声源的运动提供了依据。正是利用这一点，科学家为多普勒效应找到了广泛的用武之地。例如，现代舰艇为了探索水下目标（潜水艇、海礁等），都安装了回声探测仪器，通过向水下发射声波信号和接收从目标反射回来的回声信号来确定目标的存在及其距离。如果在探测仪器上再加装上一套装置，用来检测回声频率的变化，就能知道目标是否运动以及如何运动；并且根据频率变化的大小，还能推算出目标运动的速度。又如，医学上近年出现了利用多普勒效应的诊断仪器，它通过声波在体内运动器官（如心脏等）反射回来的回声频率的改变来探测人体内脏器官因病变引起的运动异常情况。

其实，自然界中不仅声波在传播中能产生多普勒效应，其他形式的波在传播中也存在多普勒效应。例如，很早天文学家就发现，从遥远的星球发来的光波的频率，都小于地球上静止的同种光源的频率，却一直得不到科学的解释。后来人们通过深入研究才知道，这是由于星球运动产生的光波多普勒效应造成的。它表明宇宙间的一切星体都在远离地球而去，即所谓"宇宙在不断地膨胀"。人们根据星球频率改变量的大小，还推算出了星球远离地球时的运动速度。此外，人造地球卫星在天空中的运动速度，也是利用多普勒效应测出来的。

多普勒彩超

声波的多普勒效应也可以用于医学的诊断，也就是我们平常说的彩超。彩超简单地说就是高清晰度的黑白B超再加上彩色多普勒，首先说说超声频移诊断法，即D超，此法应用多普勒效应原理，当声源与接收体（探头和反射体）之间有相对运动时，回声的频率有所改变，此种频率的变化称之为频移，D超包括脉冲多普勒、连续多普勒和彩色多普勒血流图像。彩超一般是用自相关技术进行多普勒信号处理，把自相关技术获得的血流信号经彩色编码后实时地叠加在二维图像上，即形成彩色多普勒超声血流图像。由此可见，彩超既具有二维超声结构图像的优点，又同时提供了血流动力学的丰富信息，实际应用受到了广泛的重视和欢迎，在临床上被誉为"非创伤性血管造影"。

固体传声的奥秘

你可能早就玩过"土电话"了：用粗棉线（俗称"小线"）拴上两个纸盒，一人对着纸盒讲话，另一人把纸盒贴在耳朵上，就听到了声音。

这个游戏说明了固体也是能传播声音的，那绷紧了的棉线就是传播声波的介质。

声波怎样在固体里传播呢？我们不妨改进一下"土电话"的实验，研究一下那根棉线上的声波。

找一段小线，在线中间拴上一面小镜子，线的一端拴在椅子背框上（或者由一位同学拉住），线的另一端穿在一个较大的纸盒子上。拿住纸盒子，把线绷紧，让阳光照到镜子上，镜子的反射光线映到墙上。线绷紧之后，镜子稳定下来了，它反射出来的光斑也就不再晃动了。敲一下纸盒，纸盒发出了声响，与此同时你会看到，镜子反射出的光斑晃动了，它上下左右地摇晃着。

这个实验说明，声波在小线里传播时，出现了比较复杂的情况：拴着镜子的那一点既有上下振动（与声的传播方向垂直），又有前后振动（与声波的传播方向一致）。

我们再看一看长纸板传声的情况：

找一块长纸板（或长些的木板），在纸板上放几小块纸屑或瓜子皮。敲纸板的一端，另一端听到了声音。同时观察小纸屑或瓜子皮，它们上下前后胡乱地移动着位置。

这个实验说明，固体表面传播声波时，也出现了复杂的情况。

1885 年，英国著名的物理学家瑞利在理论上指出：声波在固体表面传播时，会出现一种奇妙的表面声波。表面声波是在固体表面（两种介质的交界面）上传播的声波，它既不同于横波也不同于纵波，而是两者的合成。1900年，英国地震学家根据地震仪获得的记录，证实地震时地表面确实存在这种奇异的波，并且把它命名为瑞利波。表面声波有许多种，瑞利波只是表面声波的一种模式。

表面声波并不神秘，你把石头扔到水里，在听到声响的同时会看到水面上荡漾起一个接一个的波纹，那就是在水面上传播的一种表面声波。那水面就是两种介质（水和空气）的交界面。

尽管人类对声波的研究已经有几百年的历史，表面声波技术却是最近几十年才兴起的。1965 年，美国科学家怀特发明了一种仪器叫"叉指换能器"，这种仪器可以使电信号产生表面声波，也能使表面声波产生电信号。从此，表面声波技术就在电视、广播、通讯、雷达、电子计算机等各项技术中大显身手了。

听诊器的前世今生

听诊器是根据固体传声的道理制成的诊断疾病的仪器，现在它已经成为医生用来探听病人胸腔秘密的重要工具，被称为"挂在大夫胸前的耳朵"。说起听诊器的发明，还有一段有趣的故事呢！

100 多年前的一天，法国青年医生雷纳·利奈克斯出诊，去给一位贵妇人看病。从病史和症状上看，这位贵妇人很可能患的是心脏病。为了确诊，按照当时诊断病情的做法，需要他把耳朵贴在病人的胸部，静听病人呼吸时，心肺有什么异样的声音。可是病人的身份，却不允许他这样做。怎么办呢？

利奈克斯为此犯了愁。

回家的路上，他看到一群孩子正在一根 5 米长的木头旁边玩耍。其中一个孩子用一根大铁钉在木头的一端猛力敲打，其余的孩子一个个把耳朵贴在木头的另一端上听。听了以后，孩子们的脸上都显出惊喜兴奋的表情。出于好奇，他慢慢向孩子们走去。

"叔叔，快来听听，可好听了！"孩子们热情地招呼他。

利奈克斯顺从地把耳朵贴在木头上，这时立刻有一股真切清脆的敲击声传入耳朵。而当他把耳朵从木头上移开时，这声音就变得十分微弱和遥远了，再贴上去，声音又强烈地振动着鼓膜。就这样，他一连听了七八次。猛然，他突发奇想："通过木头，声音就变得有力、清晰，用这个办法去探听那位病人心肺的跳动，不是很好吗？"

于是，他心情激动地对孩子说："亲爱的孩子们，你们使我发现了一个重要的秘密，谢谢你们！"说完便匆匆地赶回了医院。

在医院里，利奈克斯动手做了一根木管子，用它贴在几位病人的胸口试着听诊，果然心跳和呼吸的声音听得很清楚。他高兴极了，不待休息，又急速赶到女患者家中，用这根"神奇"的管子为她听诊。诊断后开了处方，才安然离开。

后来，利奈克斯又对他的发明做了改进。他精心制作了一根长 1 英尺（30.48 厘米）、外径 2 英寸（约 5.08 厘米）、内径 1.2 英寸（约 3.05 厘米）的管子，一端装配上一个听头，听头上装有金属振动片，另一端安装上喇叭状的听筒。使用时听头紧贴病人身上，医生用另一端的听筒聆听。这就是世界上出现的第一只听诊

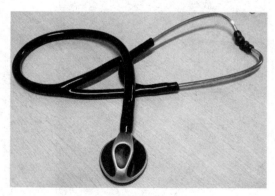
听诊器

器。听诊器的发明，赋予了医生一对灵敏的耳朵，它为提高医学诊断水平，作出了重要贡献。

我们也可以做个简易的听诊器听听自己的心音：

找一只漏斗和一根软塑料管，把塑料管的一端套在漏斗的嘴上，把另一端塞到耳朵里。你把漏斗扣到一位同学的胸部，就能听到心音。要是把漏斗扣到桌面上，漏斗里边放块手表，你会听到很强的滴答声。

现代听诊器是由耳具、皮管和胸具三个部分组成的。胸具的作用和你做实验时的漏斗很类似，它用来搜集声波；皮管是传播声波的；耳具的作用则是把声波送进耳朵。100 多年来，听诊器一直是医生的助手，帮助医生挽救了不计其数的生命。但是，传统的听诊器的音量不能调节，不利于会诊和听诊教学。

现代电子技术也武装了工程听诊装置，出现了"电子工程听诊器"，用来听取机器上各种零件的振动声、轴的振摆声以及气流的振动。使用时只要稍加调整，就能简便迅速地测定机器的技术状态，甚至可以确定轴承的磨损程度。

耳聋的贝多芬如何听音乐

贝多芬

贝多芬是 19 世纪德国著名的音乐家，毕生从事交响曲的创作，谱写了大量享誉世界的音乐作品，这些作品一直到今天仍具有无穷的魅力。可是，或许你没有想到，这位伟大的音乐家中年以后，却是一个聋子——一场大病使他失去了听力。即使这样，贝多芬也没有中断他的创作活动。据说，贝多芬耳聋以后，是用一根钢棒来"聆听"乐曲演奏的：他把钢棒的一端触到钢琴上，另一端咬在牙齿中间。当跳动的手指不断击打钢琴的键盘时，一个个美妙的音符，竟神奇地被他听到了。

贝多芬为什么耳聋以后，用上面的办法也能"听"到音乐之声呢？这里面有一定的科学道理。原来，"声音"这个奇妙的家伙，不仅可以在空气中传播，而且可以在固体或液体中传播。大家不知注意过这个现象没有：吃饭的时候，特别是啃干硬食物时，你常会"听"到很响的咀嚼声。假如这时你把双耳捂起来，这咀嚼声响竟然一点也不减弱，表明这个声音不是用耳朵听到的。那么这咀嚼的声响是从哪儿来的呢？仔细地研究知道，它是咀嚼时发出的振动，经过头骨（固体）传递给听觉神经，再传播到大脑，从而使人产生声音感觉的。贝多芬用钢棒听音乐，也是同样的道理：弹奏钢琴时，琴弦的振动传递到钢棒上，再经钢棒传到齿骨上，然后由齿骨经头骨传递到听觉神经并传播到大脑，于是音乐之声就被贝多芬"听"到了。

人类很早就知道固体或液体传声的道理，并且得到了广泛的应用。古时候两军作战时，士兵常常把耳朵贴在地面上，利用地面传声来察听远方敌军人马的动静。矗立在海洋中的灯塔的下面，都装有一只很重的大钟。当大雾弥漫的夜晚，钟发出的很强的声响，利用海水（液体）的传播，可以传到很远的地方。航行在海洋中的船只，利用特殊的听音器收到钟声后，就可以绕过暗礁，安全行驶在航道上。

聆听"龙宫"之声

茫茫的太空，寂静无声。浩瀚的海洋又如何呢？西方民间传说，海里有能唱歌的美人鱼；我国民间传说，每当月色皎洁的夜晚，海洋里就会传出动人心弦的龙宫之歌……虽然这些都是带有神话色彩的传说，但是很早以来，渔民们就懂得根据鱼类的"歌声"来捕鱼。

现在我们来做个实验：

拿一段长塑料管（胶皮管或竹筒也可以），到河边或塘边，把管的一头投入水中，把另一头挨近你的耳朵。听！各种声音传来了——当然，那并不是海妖或龙女的歌声。

这个实验说明，水下是个喧闹的世界。水是一种能够传播声音的介质，这根塑料管就是一个简单的"水听器"。电子技术发展起来以后，科学家们把类似话筒的水听器放到平静的大海里，坐在船上听喇叭传来的龙宫之音，好像到了繁华的闹市。"叽叽"、"叽叽"，鸟儿怎么跑到了海下？原来，那是小青鱼的歌声；"咚咚"、"咚咚"，谁在敲小鼓？不，那是驼背鳟在寻找同类……从示波器上还可以看出，龙宫里不但有声波，还有超声波和次声波，龙宫之音是丰富多彩的。

现代水听器是用一种"压电材料"制成的，常用的是锆钛酸铅压电陶瓷。这种材料只要受到轻微的压力就会产生电荷。当声波在水中传播时，使水听器上所受的压力发生变化，压电陶瓷也就产生了微弱的电信号，再经过放大器放大，人们就听到了龙宫之音。

鱼类的歌声并不是喉咙里发出的，它们没有声带。鱼类发声主要靠鱼鳔的振动或者靠牙齿、鳍条、骨头的摩擦。鱼声往往是鱼类求偶或集群的信号。渔民们发现，领头鱼发出一声呼唤，众鱼就会靠拢过来。

我国渔民很早就用声音来诱鱼了，他们在渔船上敲鼓，大黄鱼听到鼓声就会靠拢过来。现代科学家正在研究各种有效的"唤鱼器"，一按电钮，某种鱼群就会招之即来。利用这种"唤鱼器"甚至可以实现"海上牧鱼"呢！

水的传声本领高

1927年秋天，年仅24岁的瑞士物理学家科拉顿和25岁的法国数学家斯特姆，在瑞士日内瓦湖上进行了一次有趣的实验：测量水中的声速。他们在湖中相距13847米远的地方，停泊了两只木船，一只船下吊着一口大钟，另一只船下安置一个听音器。当前一只船敲响水中大钟的同时，点燃船上的火药发出闪亮的火光，另一只船测定从看见火光到听到钟声所需的时间，这样便可算出水中的声速。

经过反复实验，第二只船从看见火光到听到钟声平均需要9.5秒钟。由于火光传播得极快，它从第一只船传到第二只船所用的时间可以忽略不计，所以声音在水中通过两船间的距离所用的时间就是9.5秒钟，由此算出水中的声速是每秒钟1457米。

这个结果是令人吃惊的，它表明声音不仅可以在水中传播，而且传播十分快，它差不多要比声音在空气中快4倍。难怪人们在公园的湖边观鱼时，若远处有人向湖边走来，观鱼的人们还没有听见来人的脚步声，鱼儿却早就闻声跑远了。

科学家进一步实验还发现，声音在水中不仅比空气中传得快，而且传得远。一个人在寂静的广场上大声呼喊，最多也只能传播几百米远，再远就听不见了。即使一枚炸弹在空气中爆炸，它的爆炸声最远也不会超过几千米。可是一口半吨重的大钟在水中响着的时候，在 35 千米远处还能听到钟声。

科学家测量过，在 0℃时，声音在空气中的传播速度是 332 米/秒，在水中的传播速度是 1450 米/秒。为什么声音在水中比在空气中跑得快呢？

原来，声音的传播速度跟介质的性质有密切的关系。声音传播过程中，介质分子依次在自己的平衡位置附近振动，某个分子偏离平衡位置时，周围其他分子就要把它拉回到平衡位置上来，也就是说，介质分子具有一种反抗偏离平衡位置的本领。空气和水都是声音传播的介质，不同的介质分子，反抗本领不同。反抗本领大的介质，传递振动的本领也大，传递声音的速度就快。水分子的反抗本领比空气分子的大，所以，声音在水中的传播速度比在空气中大。铁原子的反抗本领比水分子还要大，所以，声音在钢铁中传播速度更大，达到 5050 米/秒。

水的良好的传声本领，很早就获得了广泛地应用。在古代，我国福建沿海渔民出海捕鱼时，常常把一根 2 寸粗、5 尺长的竹筒插入水中，然后把耳朵贴在竹筒的上端。用这种方法可以探听到鱼群的动向。在现代船只上，都装有特殊的听音器。它们利用水的传声本领，探听远处船只或水下潜水艇的动静，或者在大雾天用来听取灯塔的钟在海水里发出的声音信号。

水上芭蕾

绿水碧波的游泳池中，一群身着泳装的姑娘，犹如出水芙蓉，风姿绰约。当扩音机的喇叭中传出悠扬的音乐时，她们便和着乐曲的节拍，翩翩起舞，令人神迷。特别是当姑娘们潜入深水中后，她们依然按照乐曲的旋律，做着各种健美的动作，更让人拍手叫绝。这里面有什么奥秘呢？

原来，人们在游泳池中安置了一种特殊的声波发生器——水下扬声器。

这种扬声器的工作原理，同水面上的广播喇叭并没有什么两样，不同的只是，人们为它设计了特殊的结构和外形，使它在水中能够承受水浸和水压。当扩音机播放语言或音乐时，水下扬声器和水面上的喇叭一样，不停地向外传送着声波。不过，在水面上游泳健儿是通过耳朵中的鼓膜来接收这种声波的，而到了水下，由于水与人体头部全面接触，声波是通过水经头骨传给听觉器官而被听到的，这时即使将耳朵捂住，声音的大小也丝毫不受影响。

发现水下声道

几十年前，美国拉蒙特地质实验室的科学家在南澳大利亚沿海做实验时，向海洋中投掷了一枚深水炸弹，结果发现，爆炸产生的声波，三个多小时后传到了北美洲的百慕大群岛，行程达 19200 千米。这个实验证实了声波在海水中传播的速度是很快的，达到了每小时 5000 多千米，也就是每秒钟 1500 米左右。但是，声波在海洋中为什么能传播这样远的距离，当时却没有人能说清楚。这个问题一直到后来人们发现了水下声道后，才得到了圆满地解释。

传声本领强大的海水

那么，什么是水下声道？它是怎样形成的呢？

大家知道，水是一种很好的传声物质，尤其是海水，传声本领更强。声波在海水中的传播速度的大小，跟温度和压力密切相关。温度高，声速就大；温度低，声速就小；同样，压力大，声速也大；压力小，声速也小。由于海洋中各处的温度和压力不同，所以声波在海洋中各处的传播速度实际上是不同的。科学家早就探明，海洋中海水的温度是从海平面向下随着深度的增加逐渐降低的，在到达一定温度后才不再变化；但随着深度的继续增加，压力却越来越大。这样，当声波在海洋中传播时，它的传播速度在不同深度的层面上也就有所不同，并且这种变化呈现出一种规律：从海平面向下随着温度的不断降低，速度逐渐在减小；然后又随着压力的不断增加，速度在逐渐加大。很显然，在海洋中有一层海面，声波在那里的传播速度最小，我们把它叫做声道轴面。

现在设想有一枚炸弹在海水中爆炸，我们来看一下它所产生的声波是怎样向前传播的。假定炸弹爆炸地点在海洋上部，由于那里上层水温高，声速大，越往下水温越低，声速也越小。所以根据声波弯射原理，它的传播路线要向前下方弯曲。当声波越过声道轴面一进入海洋下部，情况便发生了变化。由于这里上层压力小，声速也小，而越往下压力越大，声速也就越大，所以声波的传播路线变成了向前上方弯曲。当声波越过声道轴面再进入上部海面，它又要向前下方弯曲。如此反反复复，声波就像扭秧歌一样，沿着声道轴面上下弯弯曲曲地前进。科学家把海洋深处这条传播声波的宽广大道，叫做水下声道。实验观测表明，声波在水下声道中传播时，就像在管道中传播一样，能量损耗最小，因而传播的最远。大洋中的水下声道，大约在海面下几百米到一千米的深处。

水下声道发现后，人们很快为它派到了用场。假如，当远航的船只出现事故时，可以通过向深海中投掷炸药作为呼救信号，设在水下声道的测声站接到爆炸产生的声波后，便可采取措施组织营救。目前，科学家还利用设在不同方位的水下声道测声站，准确地确定导弹或宇宙飞船溅落海面的位置。

水　声

许多专家认为，20 世纪 70 年代应该以人类向海洋——我们食物资源的最重要来源——的大进军为标志。他们引证说，地球 70% 的表面被水覆盖。但是很遗憾，在陆地上为我们忠实而又准确地服务的通讯通道，也就是或者以光的形式，或者以无线电波形式出现的电磁辐射的利用，在水下却受到限制，因为信号在水下传播距离很小，不超过几米。不过，如果说电磁波从空气中转入水中迅速衰减，那么，对声波来说，情形却正好相反。因为声音在水中比在空气中更易传播。因此，人可以利用声波，透过大洋的黑暗"观看"。渔夫、海洋学家和潜水员用声波装置武装起来，就能毫无困难地为自己在海洋中开辟道路。

水声学原理

随着密度增加，介质对声波来说变得越来越透明，而对电磁波来说则变得越来越不透明。在真空中，电磁波可以传播很大距离，而声波在真空中根本不能存在。空气的密度使得电磁波在空气中的传播比声波更有效。例如，无线电波可以传播几百甚至几千千米，而声波最远也只能传播几千米。通常说话声的传播范围，一般都在若干米之内。如果介质的密度增加到水的密度，情况就发生根本变化。在清洁的水中，无线电波的传播距离为若干米，光波约为几百米，而声波却可走几千米，在特殊情况下，可走几十、几百甚至几千千米。

我们用声波不仅可以测出水中目标的方向，而且还可十分准确地测定目标的位置。分辨能力取决于声波的长度。声波长愈短，分辨能力愈高。但是，应用可与光波波长比较的超短声波是太不合算了。声音在海水中的速度，由于温度、深度和含盐度的不同而在 1440 ~ 1500 米/秒之间变化。在这种情况下，频率为 30 赫时，波长约为 50 米，而频率为 1 兆赫时，波长约为 1.5 毫米。这样的超短声波（其波长仍比光波波长大 50000 倍），能保证极好的分辨能力，但它们通常都不用来探测目标，因为它们在水中被吸收得很厉害。

在实践中，水下作业通常采用的声波频率约 3 万赫，其波长约为 5 厘米。在水下用这种频率的声波的"视觉"，不能完全以日常生活中看东西的原理（光照射物体和有聚焦透镜——水晶体的眼睛感受反射光）为基础。用声线"照明"物体是不困难的，只要应用大功率声源就能办到。困难大的是制造相应的透镜，其直径必须比波长大几千倍。例如，对频率约 3 万赫的声来说，透镜直径大约为 1000 米。

探测水下目标的系统——声呐（声波导航和测距系统），其工作原理是回声探测法。这个方法还是在第一次世界大战期间研究出来的，用送入水中的声脉冲探测潜艇。脉冲碰到目标就反射回来，返回声源（有所减弱）后被记录下来。如果知道脉冲的往返时间，并且知道声音在水中传播的速度，就可以很精确地测定出目标的距离，这当然是很有价值的，因为在这种情况下，通常的目力观测是完全行不通的。

换能器、声线和声束

现在，让我们来较为详细地研究一下，在水下发射出的声脉冲，是怎样变成回声探测所必需的定向声线的。把一种能变为另一种能的装置，叫做换能器。在声呐中，这种装置可以把电振动变为声振动，就像扬声器把电信号变为声信号（空气振动），传声器把声振动变为电振动一样。但是，由于空气和水的声学性质不同，它们的结构有很大差别。扬声器和传声器是电动式的（带电导线和恒定磁场相互作用产生机械振动），而换能器中通常利用的是某些材料在电场或磁场影响下能改变自己体积的特性。这里有必要讲一讲三种物理现象：磁致伸缩、压电效应和电致伸缩。

磁致伸缩换能器利用的是磁场。其磁场通常是交流电通过线圈时在线圈里形成的。线圈内放有磁性材料，磁性材料在交变磁场作用下，或是膨胀，或是收缩。这种换能器通常在频率不超过 10 万赫时使用。线圈本身经过严格绝缘，因此，整个装置可以放心地放入水中。

压电换能器的主要元件是石英晶体。石英晶体在电场作用下，主要在一个方向改变自己的长度，因此，电振动产生机械振动，机械振动又传给水。反过来，水振动（声波）引起晶体机械振动，在晶面上形成交变电场，很容易用记录装置记录下来。实践中应用最广的电致伸缩换能器，也用类似方法工作。这种换能器的特点是：某些材料（陶瓷）体积的变化依赖于所加电场强度，而与其符号无关。类似的材料可以举出的还有钛酸钡和钛—锆酸铅。

电致伸缩换能器以及压电换能器，都可以不透水层。但是，这种不透水层必须保证换能器产生的振动能"进入水中"。声波在液体介质中传播，经过金属或橡胶薄膜，把振动传给水。

现在有一个问题：用什么方法才能产生定向声束。水中或空气中产生的声从声源向所有方向传播（球对称）。第一次世界大战期间，只能用声波测出潜艇的距离，并不能测定潜艇的位置。如果能造出像探照灯光束一样的声波束，就能迅速测定目标的方向（在射线束宽范围内）。使用严格定向接收反射信号的接收装置，也能获得类似的结果。实际制造声呐时，这两种原理都用上了。

目前，声束的形成是基于干涉现象的应用：两列波以同一相位传播时相互叠加，形成较强的波；而在截然相反的相位运动时则相反，它们相互抵消。因而，相互靠近的两个声源将会形成一系列极小值和极大值（相应于声波抵消或重叠的地方）。结果，声强的分布就具有"花瓣形"的特点——形成一系列声束。随着声源数目的增加，干涉图越加复杂：形成各种大小的"花瓣"（波束的系统）。其中有一些很小很弱。但同时还有位于排成一条线的声源中间同声源连线垂直的强声束。定向接收反射信号的方法同定向发射的方法相同。在许多声呐系统中，同一个换能器（或一组换能器）通常既用来发射也用来接收声信号。

发射换能器（发射机）发出短的声信号（脉冲），其频率取决于发生器的频率和换能器固有频率。像脉冲持续时间这种很重要的信号特性用开关选定。脉冲发射时接通钟表机械。脉冲到达目标后反射回来，由于声在传播中的衰减和目标只反射照射在它上面的部分能量，回声信号是比较弱的。反射回来的声脉冲进入接收换能器（接收机）。脉冲在这里又变成电信号，放大并被测量仪器记录。大多数声呐系统中，反射信号可以用目力观察，经常是记录在自动记录仪的纸带上。发射机刚一发生脉冲，自动记录仪的笔尖就横跨纸带运动。钟表机械通常附在自动记录仪上。反射信号进入接收装置，自动记录仪的笔尖就在纸带上记上标志。根据标志间的距离，可以判断信号发射和接收之间所经过的时间。在脉冲传到目标和返回的过程中，自动记录仪的纸带缓缓地作垂直于笔尖运动方向的运动。下一个脉冲发射时，笔尖回到垂直方向的初始位置，又开始做横向纸带的运动。如果到目标的距离没有变化，那么，经过反射信号的全部标志可以作一根同纸带两边平行的直线。否则，这根直线就成了倾斜线。

有时候，用阴极射线管代替自动记录仪。反射信号在阴极射线管中靠电子束偏离记录。阴极射线管的优点是可以对一个地区（或目标）迅速扫描。

电子扫描声呐

目前已经研制成功多种类型的电子扫描声呐，这些声呐各有优缺点。所有这些装置的主要工作原理都是相同的。像通常的声呐一样，发射机以短脉冲形式发射的宽声束（约30°）扫描海洋的很大地区。接收用的换能器，结构却不一样。接收用的换能器接收窄声束（通常宽度为0.33°或1°），这种声束以很大的速度扫过宽声束的整个扇形区，也就是扫描整个"被照明"区。如果窄声束在目标正被宽声束"照明"时碰到这个目标，那么，这时产生的反射脉冲，就被接收装置接收并记录下来。窄声束扫描空间的速度非常快，在宽声束照射的持续时间内就来得及扫过宽声束所罩住的整个扇形区。因此，窄声束来得及仔细侦察整个"被照明"区域。当然，用机械方法是达不到这样的扫描速度的。因此，窄声束的控制是通过电子装置实现的。这种声呐的接收和发射装置之间的主要区别就在于扫描方法不同。

因此，电子扫描声呐似乎是由能够侦察大面积地区的宽声束声呐和可以获得良好分辨能力的窄声束声呐所构成的。电子扫描声呐的另一个重要优点，是获得被侦察地区图像的速度高。如果说，通常的声呐是缓缓地、渐渐地绘出水下景象，那么，电子扫描声呐能为发射换能器发出的每一个脉冲提供宽声束照射区域的全景图像。因此，使用这种声呐，可以很容易发现目标移动。例如，大鱼群的运动在阴极射线管的荧光屏上，显现为许多跳跃的小光斑。

对电子扫描声呐来说，作用距离同分辨能力之间的关系，与通常的声呐是一样的。用约 300~500 千赫的频率可获得很高的分辨能力。但是，正如大家所知道的，这种频率的声波传播的距离约 100~200 米。要增加作用距离，就必须用较低的频率工作，而较低的频率又会降低分辨能力。研制扫描声呐的工作可以分为两个方向：一个方向是制作分辨能力强而作用距离小的声呐；另一个方向是制作分辨能力弱而作用距离大的声呐。前一种声呐发展很快，并已在水下生物学研究工作和捕鱼业中取得显著成就。

1964 年，英国科学家沃格利斯和库克进行了一次非常成功的电子扫描声呐试验。他们的实验室是 1950 年开始研究扫描系统的。扫描声呐的第一模型叫双聚焦测位仪，于 1959 年制成。1964 年，在布里斯特湾（英）以南地区，有三条船参加了试验。试验时，在天气不好的的情况下，在 200 米距离处也发现了无数鱼群。实验时还观察到鱼群一些很有趣的习性。也许，不久就会研制出分辨能力很高的声呐，它会给我们提供被研究区域的二维图像。这就不仅可能发现水下目标，而且还可能识别并观察这些目标。多通道系统的应用，可以大大缩小声呐的体积。

声　呐

声呐是英文缩写"SONAR"的音译，全称为：声音导航与测距，是一种利用声波在水下的传播特性，通过电声转换和信息处理，完成水下探测和通讯任务的电子设备，是水声学中应用最广泛、最重要的一种装置。

声呐可按工作方式、装备对象、战术用途、技术特点等分类方法分成为各种不同的声呐。例如按工作方式可分为主动声呐和被动声呐；按装备对象可分为水面舰艇声呐、潜艇声呐、航空声呐和海岸声呐，等等。

目前，声呐是各国海军进行水下监视使用的主要装备，用于对水下目标进行探测、分类、定位和跟踪；进行水下通信和导航，保障舰艇、反潜飞机和反潜直升机的战术机动和水中武器的使用。此外，声呐技术还广泛用于鱼雷制导、水雷引信，以及鱼群探测、海洋石油勘探、船舶导航、水下作业、水文测量和海底地质地貌的勘测等。

声呐与鱼群探测器

如果不算军事用途，那就可以认为，声呐在捕鱼业中应用得最广泛了。20 世纪 30 年代第一次使用声呐时，就真正地改变了整个渔业的面貌。在辽阔的大海中，捕鱼作业不在瞎摸了。确实，最初使用鱼群探测器，只能发现大的鱼群，因此，阿拉斯加、挪威、太平洋沿岸各国、前苏联和日本的渔夫使用鱼群探测器大规模捕捞鲱鱼和沙丁鱼；他们只是在探测到大鱼群之后才放下大鱼网、拖网。当然，利用鱼群探测器探测大鱼群，现在也是最容易不过的事。但现在的鱼群探测器甚至在恶劣的天气时，在拖网捕鱼的最大深度，也能记录到离海底 50 厘米处一条单独的大鱼身上反射回来的信号。通过鱼群探测器的应用，可以研究回声探测的一些理论问题以及用声在水下"视"物的问题。

在最早的鱼群探测仪以及最简单类型的现代鱼群探测器（回声探测器）中，声波束都是垂直向下发射的。回声探测仪在中等深度的水中最为有效，虽然，根据某些乐观的看法，回声探测仪也可用于深水探测。要做到这一点，就必须使发出的（以及接收的）声束的宽度约为30°，脉冲功率为200瓦，脉冲持续时间为 1 毫秒钟，探测器工作频率为 3 万赫的探测器。用这样的鱼群探测器，可以在 100 米的深度发现一条单独的鲱鱼，或者在 200 米的深度发现一条大鳕鱼。

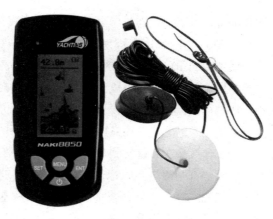

鱼群探测器

当然，要辨认出一条单独的鱼，这条鱼必须同其他目标（特别是海底）保持一定距离，位于沿着垂直方向大于脉冲宽度、沿着水平方向大于声束宽度的地方。1 毫秒钟的脉冲宽度在水中为 1.5 米；在深度约 180 米的水中，声束宽度为 100 米。因此，在声束宽度和探测深度规定的这个范围内，不可能区别出单独的一条鱼。即使这一地区有几条鱼在游动，鱼群探测器仍然只能记录到一个反射信号。

怎样提高鱼群探测器的分辨本领呢？对这个问题的回答是十分清楚的：使声束更窄，使脉冲更短。这些改变，全可用提高频率来完成。事实上，要发出宽度为 30°、频率为 3 万赫的声束，可以使用横向尺寸约为所发射的声的两个波长（约 10 ~ 15 厘米）的换能器。如果我们想获得宽度为 2°的声束，那就得使用直径比发出的声波长大 30 倍的换能器（就是说，约 150 厘米）。这种尺寸的换能器，价值非常昂贵，使用时很不方便。因此，最简单的方法是提高频率、缩小波长。

用高频声工作，我们既能获得较窄的声束，又能获得较短的脉冲。要形成频率为 30 万赫、宽度为 1°的声束，所需的换能器，横向尺寸不大于 30 厘米。那样的话，在深度 180 米探测的范围可缩小到沿水平方向为 3 米，沿垂直方向为 1 毫米。

但是，声呐探测能力的提高是靠牺牲它的其他性能取得的，因为声的穿透力随着它的频率的增加而减弱。增加声脉冲的功率，可以补偿这一效应。

即使如此，在频率超过 10 万赫时，窄声束声呐的有效远程就受到限制（180～270 米）。使用窄声束声呐还产生另外的问题。问题在于，无论如何，必须使声呐的窄声束恰恰同步于船只的运动，否则，反射信号将从船只旁边通过而无法记录，我们也就收不到大鱼群位置的信息。长期的试验证明了窄声束声呐用于探测鱼群以及确定鱼群密度的价值。使用某些鱼群探测仪，不仅可以确定鱼的大小，而且可以判明它们的种类。

从工作频率 3 万赫转到 30 万赫时，噪声的类型实际上也在变化。到现在为止，我们都是假定声呐记录到惟一声波，就是我们发出的信号的回声。很遗憾，问题实际上要复杂很多。首先，大海本身就是噪声源；其次，大海充满人类活动造成的声音（例如，船舶发动机螺旋桨的噪声）。海洋噪声可以分为两类：波浪运动、海洋动物和鱼类造成的海洋本身噪声和分子不规则运动造成的"热"噪声。声呐以低于 10 万赫的频率工作时，主要的干扰就是海洋本身噪声。在频率大于 10 万赫时，热噪声就成了主要干扰。这两种噪声的性质都很不规则。这就使得声呐的应用受到某些限制。当然，利用特殊的电子装置，可以使噪声的影响降低到最小限度。这里主要的问题是增大发射器的功率和改进信噪比，这就能相当地扩大声呐的使用范围。

声呐的灵敏度和作用距离，在更大的程度上受到混响的限制。水中的异物、水密度的不均匀性、水—空气的分界面和大洋底对脉冲的散射形成混响。在这种情况下，简单地提高脉冲的功率于事丝毫无补。因为混响效应也以同样的比例增强。如果降低脉冲持续时间，就能降低混响效应，因为脉冲传递的能量，与功率和持续时间的乘积成正比。因此，我们可以再一次肯定，利用尽可能短的脉冲是合理的。

主要的混响源是海底。考虑到这一事实，研制出了一种新型的声呐——有机械控制声束装置的声呐。这种声束可以向水平面和垂直面的任何方向发射。最早的这种类型的声呐，能发射水平束宽为 10°、垂直束宽只有 2° 的声束。它的工作频率是 6.1 万赫，而脉冲持续时间略大于 1 毫秒钟。

从在声束区游动的鱼群反射回来的信号，同海底散射的信号同时到达接收机。因为海底散射信号的强度比有效信号高出许多，因此，有效信号实际上完全看不见。使用上述类型的窄声束（在水平面小于 20°）声呐，可以大大降低混响效应，并能发现在深度 100～180 米的海底附近游动的鱼群。

但是，减少声束宽度会降低水下空间探测的速度和效率。要提高速度和效率，可以使用电子扫描系统。同其他装置相比，这种系统能提供更清晰、更详细的水下景色图象。最近 20 年来正在紧张地研制这种声呐。

远距离声呐

到现在为止，我们讨论的都是有效半径为若干千米的声呐。这些声呐通常都用于水下科学研究和捕鱼作业。但是对海军舰艇（最早的声呐就是用于海军舰艇的）来说，这样的距离分明太小了。在 20 世纪，当装备有核导弹的潜艇在辽阔的大洋中自由地航行的时侯，要发现它们，就需要有效半径为几百千米的声呐了。除了通常的技术问题（脉冲功率、接收装置的灵敏度等）外，在制造远距离声呐时，还必须解决一系列同海洋直接有关的问题。

其中最重要的几个问题，同作为介质的海洋的不均匀性，尤其是温度和压力变化引起的变化有关。例如，温度每升高 1 摄氏度，声速就增加 2.7 米/秒；深度每增加 100 米，由于压力的增加，声速就增加 1.82 米/秒。显然，温度和压力都是随着深度的变化而变化的，而这又引起声速的变化。因为速度变化时，声波被折射，所以远距离声呐的脉冲轨道就大大偏离直线。

在厚度达 120 米的海洋上层，由于海水被不断搅拌，温度实际上是均匀的（在深度上）。紧接上层的是温跃层，温度在其中急剧降低至 0 ~ 2 摄氏度。这一层下面温度又保持恒定而压力随深度而增加。在上层，声速由于压力增加而随深度逐渐增加。靠近上层界和温跃层处，温度急剧变化（降低），以致声速相应地降低，比声速由于压力增加而来得快。在温度已经恒定的温跃层的下部地区，声速又由于压力的增加而增加。在上层，声束从直线轨迹向上挠曲。因此，强脉冲进入接收装置，这就保证了能清楚地"看"到位于上层水中的目标。声脉冲也可以进入温跃层。但是，由于这一层中的温度梯度是负的，所以声束的折射轨迹低于直线。因此，接收装置记录到的脉冲能量很小。对声脉冲传播影响最大的是上层海水的下界面。声速的突然变化，造成声脉冲传播方向的急剧变化：形成了声脉冲传不到的所谓"声影区"。上层厚度越小，声影区越大。在夏季好天气刮小风的情况下，上层厚度降低到 1 米时，在 50 米的深度就可以出现声影区。

潜艇很容易隐藏在这种地区，通常的声呐无法发现它们。有两种侦察这种影区的方法：第一种是把发射换能器装置在温跃层。那样一来，大部分声脉冲就在这一层传播，这就能发现位于远距离的目标。但是，使用这种声呐，必须有大功率的声源，因为由于受声波折射制约的声束拓宽，脉冲的强度就会降低。第二种方法是使用波长大于上层海水厚度的超低频声。对这种声波来说，海水就像是均匀介质。但遗憾的是，这又使我们回到了换能器体积的老问题上来了。要产生频率为 10 赫的任何定向声束，就得有直径为 200 米的换能器！

研制远距离声呐最有希望的方向是建立声发系统（用固定声道远距离测距的系统）。声发的工作原理是应用声速在温跃层下面达到最低值处传播的声波。在这一深度产生的声，由于折射的原因，总是沿与声速最小值相应的方向传播，形成一条天然的深水声道，可以起最好的波导的作用。这种非常有效的声通道确实存在。通常位于一定的深度，例如，在大西洋是 1274 米；在太平洋东北部是 637 米。通过一系列实验，研究了应用声发系统的可能性：利用安放在深海声道区的测声站，成功地"听到"了在很远距离外的爆炸声。这就使现在的声发系统能够发现水下发射导弹的位置。但是，声发系统在和平事业方面，也就是在远距离导航系统中利用的前景最灿烂。现在我们还无法判断这种声波导航系统的准确性，但是，拉蒙特地质实验室（在美国）的科学家，用声发在印度洋中把信号从百慕大群岛发到约 20000 千米以外距离的实验，证明了声发系统具有很大的潜力

"井口重入"技术与水下通讯

到现在为止，我们讲的只是利用声音在水下"观看"的问题。但是，还有其他各种水下工作。在这些水下工作中，声也可作出不可估价的贡献。在这里，我们就来简单地谈一谈这方面的问题。声最简单的应用，是把仪器安装在水下严格规定的深度以及开、关钻头和其他用以研究深海的装置。比较复杂的技术是所谓井口重入技术。在海深达几千米的深海钻探中往往出现一些意外情况，使钻探船不得不取出钻杆，离开井口地区。利用"井口重入"技术，在钻探船再次返回时可以把钻杆重新放入井口。这种技术包括井口上

的几个引导水声信标和钻杆上的小型声呐。利用声信号，在钻探船上的荧光屏上可以清楚地看出钻杆是否对准井口。如果没有对准，可以开动水泵，使水从钻杆上按一定方向喷出，利用反作用力，调节钻杆的位置，一直到把钻杆放进原来的井口中。

用于水下传递信息的声学系统比较复杂。这种系统有两种：以电码传递信息的遥测系统和言语传递的系统。在最近十多年中，声学遥测已经逐渐渗透到和平研究事业。这里首先要谈一谈把从水下各种装置收到的信息（如深度观察、温度、盐分、海洋噪声级、地震记录等）如何传递到水面的问题。传送信号可以用调频或脉冲调制。使用脉冲调制器，可以同时传递若干类型的信号。当然，远距离声遥测，也有同我们在前一节中讲过的远距离声呐一样的优缺点。据最近估计，海洋科学家和拖网渔船声呐操作人员在不久的将来，只能期望出现有效半径约为 8 千米、信息传递速度每秒钟约为 400 比特的遥测系统。

水下言语传递，如两个潜水员通话，要用更复杂的方法。主要的方法有两种：第一种是直接放大声信号，然后用电磁或陶瓷换能器传递出去。这种方法的优点是不需要专门的接收装置，声音直接可用耳朵听到。但有效半径较短，因为言语的高频成分会很快衰减。第二种方法以应用语言声调制的中低频信号为基础。潜水员使用小型水下电话就可在 2 千米之内相互交谈。使用类似的功率较大的系统，可以在相距若干千米的两船之间进行电话通话。潜艇之间的通讯，目前是采用水下电报的方法。

有趣的回声与共鸣

YOUQUDE HUISHENG YU GONGMING

你可能有这样的经验，在山谷里喊一声，会有相同的声音传过来，产生山鸣谷应的效果。

英国伦敦的圣保罗大教堂，有个奇妙的圆顶，在那里轻轻说话，远处的人也能听清。

北京的天坛有一个奇妙的去处——回音壁，隔着墙轻轻说话，那边的人也能听清楚

你知道为什么会出现这些奇妙的现象吗？看了本章的内容你就会一清二楚。

登山运动员在攀登高山雪峰时，总是默默无言地前进，不允许高声喊叫。

我国古代的"黄钟律管"，翻造以后分发全国各地当做度量衡标准。如果有谁弄虚作假，中央派出的官吏只要把国家保存的"黄钟律管"跟他的律管一比，就能戳穿。

门农是希腊神话中埃塞俄比亚的国王，他在援救特洛亚人的战争中被杀，人们为了纪念他，为他建造了一个石头塑像。没想到石像建成后不久，人们就发现，每当太阳升起的时候，它就发出低微的声音，像在自言自语。

你想知道这其中的奥妙吗？看了本章内容，你就会找到满意的答案。

回音形成的条件

我们所发出的声音，会被墙壁或各种障碍物弹回来，当声音被弹回我们的耳朵，我们就会听到回音。当声音不用很短的时间通过音源和反射点之间，我们便可清楚地听见回音。否则反射音和发出的声音混在一起，就会造成音的"回响"——譬如在无人的大房间发出声音。

身处周围广阔的场所，如在南方33米处有一栋农家，你一拍手，声音就会传出33米，到达农家的墙壁，再被反射回来，总共需要多少时间呢？声音往返通过66米，需时0.2秒钟（音速每秒钟330米，$66 \div 330 = 0.2$）。因此，在0.2秒钟内，拍手声就会变成回音。这个时间虽然很短，但不致和发出的声音混淆在一起——因此，可以区别而听得清楚。

在0.2秒钟的时间内，我们往往可以讲一个音节，所以距离障碍物33米时，我们可听清楚每一个音节的回音。但是超过一个音节，所发出的声音就会与回音混淆，而无法听得清楚。

要听两个音节的回音时，障碍物的距离应该多远呢？由于要发出两音节的声音，需时0.4秒钟，因此，障碍物的距离，必须能使声音在0.4秒钟或更长的时间里往返，才可能有回音。声音在0.4秒钟会通过132米（330×0.4）。这距离的一半——66米，是造成两音节有回音的最小距离，也就是和障碍物的最小距离。

相信聪明的读者已经知道，想听到三个音节的回音，则与障碍物的距离至少要有100米。

魔谷中的鬼叫声

传说古时候有一个赶路人，傍晚在一座山前迷了路，走进了群山环抱的山谷。这时天也黑了，鸟儿也宿了巢，山谷里空荡荡的，十分寂静。他有点发慌，想早点离开这个地方。谁知他一跑起来，就听到后面有脚步声紧紧地跟着他。他跑得越快，后面的脚步声也越快，想甩怎么也甩不掉。他害怕极了，不由得大声惊呼："有鬼！有鬼！"就在他呼喊后不久，从山谷四面八方也此起彼伏地传来了同样的呼叫声。由于过度惊吓，他昏倒在了地上。等半夜醒来时，环顾四周，除青山绿树外，什么也没看到。以后人们就把这个山谷叫做"魔谷"。

听了上面的故事，有人一定会问：那个赶路人真的在"魔谷"里遇到魔鬼了吗？当然不是，因为世界上根本就没有什么鬼神。那么，赶路人在"魔谷"里听到的"鬼步声""鬼叫声"又是怎么回事呢？科学家告诉我们，这叫"空谷传声"，是"声音王国"里的一种奇妙现象——回声，跟赶路人开了一个小小的玩笑。

大家知道，把皮球踢在墙上，墙面会把皮球反弹回来；把一束光照射在镜面上，镜面会把光线反照在另外的地方，这种现象叫做反射。声音也能够反射。当声音在传播中遇到高大的障碍物时，它也会像皮球、光线那样被反射回来，这种反射回来的声音就叫做回声。

空谷传声

一个物体发出声音后，一部分直接传入人耳，这是直达声；而另外一部分声音在传播中被远处障碍物反射回来，再传入人耳，这就是回声。由于声音传播需要一定的时间，所以回声传入人耳总是比直达声来得晚。障碍物离开发声物体越远，回声也就来得越迟。夏日雨天雷电引发的声响，由于经过远近不同的云层、山岳、土地的反射，它们的回声从各处先后传入人耳，所以人们听到了连绵不断的隆隆雷声。

一个人站在广袤千里的平原上大声呼喊，是听不到回声的，因为在他周围没有产生回声的障碍物。一个人站在高楼林立的大马路上呼喊，由于回声被不绝于耳的喧嚣所淹没，所以他也同样听不到回声。可是如果一个人站在寂静的山谷中呼喊（或发出其他声响），情况就大不相同了。这时他不仅可以听到响亮的回声，而且由于四周远近不同的山峦传来的回声先后传入人耳，所以他就会感到应声四起，此起彼伏了。上面故事中赶路人在"魔谷"中听到的"鬼步声""鬼叫声"就是这样产生的。

自制"聚音伞"

有这么一个历史故事，说一个听觉不好的国王总听不清大臣的上奏，后来有位工匠献了一张图，说只要照着这张图来盖一座新王宫，国王坐在宝座上就能听清站在远处的大臣的说话声。国王按照他的图纸修建了新王宫，果然听清了大臣的上奏。

这个故事是否真实，我们不必考证。这种可以聚集声音的建筑却是存在的。英国伦敦的圣保罗大教堂，有个奇妙的圆屋顶，在那里轻轻说话，远处的人也能听清。让我们做个"聚音伞"的实验，来研究一下这类建筑的特点，揭开它的秘密：

找两把同样的雨伞、一块手表、两段粗铁丝。先将一把伞撑开放在空地上，用铁丝把它支起来。你把耳朵伸进去听一听声音，你会发现，各处的声响略有不同，沿着伞柄你会找到声音最响的一个位置。在这个位置挂上那块机械手表，它不停地发出滴答声。将另一把伞架在这把伞的对面，虽然相距几米，你却能在伞里听到对面伞里传来的手表的滴答声。

"聚音伞"就是一个能够反射声波的凹面镜。根据波的反射定律，凹面镜对声波的反射和对光波的反射是一样的。伞式太阳灶能把太阳光会聚到焦点，"聚音伞"也能把远处来的声音会聚到焦点。你听到声音最响的那一点，就是聚音凹面镜的焦点。手电筒里的反光镜是个凹面镜，光源放在它的焦点，它就能反射出一道光柱。把声源放在凹面镜的焦点上，反射出的声波也和那道光柱相似，方向性强，能量集中。挂表的伞把轻微的滴答声反射出去，被听音的伞收集，会聚到了焦点，你把耳朵伸到那里自然会听到声音了。

我们的耳朵就有会聚声音的作用，当声音微弱时我们常用手掌帮助耳朵会聚声音，那手掌就相当于凹面镜。

各种高音喇叭的喇叭筒，都有会聚声音的作用。喇叭筒就像探照灯里的反光镜，喇叭膜就像探照灯里的光源。经过喇叭筒的反射，扩音器里的声音可以传得很远；没有喇叭筒的喇叭，声音就弱得多了。

那个聋国王的王宫，就是根据凹面镜对声波的反射原理设计建造的。国王的宝座放在一个焦点上，大臣上奏的地方在另一个焦点上，经过凹面墙壁的反射，把大臣的声音会聚到了国王的宝座上，所以他就能听清楚了。

圣保罗大教堂

圣保罗大教堂，位于伦敦泰晤士河北岸，是巴洛克风格建筑的代表，以其壮观的圆顶而闻名，是世界第二大圆顶教堂，它模仿罗马的圣彼得大教堂。

圣保罗大教堂是1675～1710年建造的英国国教的中心教堂，被誉为古典主义建筑的纪念碑。由英国建筑师 C. 雷恩（1632～1723）设计。大教堂建筑总高108米，教堂的平面由精确的几何图形组成，布局对称，中央穹顶高耸，由底下两层鼓形座承托。穹顶直径34.2米，有内外两层，可以减轻结构重量。正门的柱廊也分为两层，恰当地表现出建筑物的尺度。四周的墙用双壁柱均匀划分，每个开间和其中的窗子都处理成同一式样，使建筑物显得完整、严谨。

回音壁、三音石和圜丘

回音壁

凡到北京去旅游的人，都少不了要到天坛走一趟，因为那里有一个著名的"回音壁"。

回音壁是一个圆形的围墙，高约6米，半径32.5米。它的奇妙之处在于，当有人在墙内某处（A 处）面向墙壁小声说话时，站在离此处几十米远的另外某一处（B 处）的另一人，都能听得清清楚楚；同样，站在 B

处的人小声说话，站在 A 处的人也听得清清楚楚，两个人就像相偎相依窃窃私语一样。

谁都知道，两个人低声耳语，相隔几米远就听不到了。而在回音壁前，相距几十米远都能听得一清二楚，这就不能不让人感到神奇了。

回音壁的奥妙在哪里呢？

在回答这个问题之前，我们先来介绍 100 多年前英国科学家瑞利做过的一个实验：瑞利制作了一个很大的圆弧状的长廊模型，模型的一端放一支哨笛，另一端放一支点燃的蜡烛。当哨笛吹响时，蜡烛的火焰来回晃动，显然这是哨声的声波冲击的结果。开始，瑞利以为哨声的声波是直接传向烛焰的。后来，他在模型内壁某处安置了一块狭长的挡板，烛焰却不再晃动了。这就是说，挡板挡住了传播的声波。瑞利的这个实验十分清楚地表明，摇动烛焰的声波，不是沿着直线直接传过来的，而是沿着圆弧状的内壁传播过来的。

用瑞利实验，可以很好地揭示回音壁的秘密。原来站在回音壁 B 处的人听到的 A 处的声音，不是由 A 处直接传来的，而是沿着围墙传播过来的。

那么，A 处的声音是如何沿围墙传播的呢？由 A 处发出的声音，是沿着围墙经多次反射，最后才到达 B 处的。由于回音壁的墙面十分光滑，声音碰到上面就像钢球碰到石板上一样被弹了出去，虽经辗转多次碰撞，声音的强弱变化不大，因此到达 B 处时，仍能听得清清楚楚。

由此可见，回音壁是巧妙地利用了声音的反射作用所创造的人间奇迹。

在我国古代建筑中，除北京天坛的回音壁外，河南的蛤蟆塔、四川的石琴和山西的莺莺塔，也都能产生声

三音石

音反射现象，它们并称为我国著名的"四大回音建筑"。

在北京的天坛公园里，除了有名的"回音壁"之外，还有两个有趣的去处，那就是"三音石"和"圜丘"。

三音石是回音壁围墙内白石路上的一块石头，它的位置恰好在圆形围墙的中心。据说人们站在这里拍一下掌，可以连续听到"啪、啪、啪"三声音响。三音石上出现的这种有趣的声音现象，用声音的反射作用可以作出很好的解释：从三音石发出声音后，它沿着圆周的半径均匀地传到围墙的各部分，经碰撞反射回来的回声，又沿着半径穿过三音石，使人们听到第一声音响；穿过三音石的声音继续沿着半径向前传播，碰到对面围墙反射回来的回声，沿着半径再次穿过三音石，使人们听到第二次音响；就这样，声音往返于围墙之间，人们听到了第三次、第四次甚至更多次的音响。

圜　丘

圜丘是天坛公园南面的一个圆形平台，由青石砌成，它的最高层离开地面约5米，除东西南北四个出入口外，周围都是青石栏杆。圆形平台实际上并不平，而是一个中心略高、从中心向四周逐渐倾斜的台面。通常人们在室外讲话听起来比室内要弱得多，可是如果有两人站在圜丘高处相互交谈，却意外地发觉对方的讲话像在室内一样响亮。这就是圜丘的奇特之处。为什么圜丘会有这样良好的音响效果呢？从台中心传出去的声音，碰到周围石栏杆要发生反射。由于台面中心高、四周低，所以反射的声音折向较低的台面。同台面碰撞后，声音再次反射，又回到台中心。声音传播的这个路程并不长，因此反射回到台中心的回声几乎和直达声同时进入人耳，这样人们听起来特别响亮，并感到声音好像是从地下发出来的。

回音壁、三音石和圜丘是北京天坛公园的主要建筑物，是世界闻名的名胜古迹，至今已有400多年的历史了。它们别具一格的、高超的建筑艺术，反映了我国古代劳动人民的聪明才智和丰富的科学知识。

天 坛

北京天坛始建于明朝永乐十八年（1420年），是明清两代帝王用以"祭天"、"祈谷"的建筑。占地272万平方米，整个面积比紫禁城（故宫）还要大，有两重垣墙，形成内外坛，主要建筑有祈年殿、皇穹宇、圜丘。圜丘建造在南北纵轴上。坛墙南方北圆，象征天圆地方。圜丘坛在南，祈谷坛在北，二坛同在一条南北轴线上，中间有墙相隔。圜丘坛内主要建筑有圜丘坛、皇穹宇等，祈谷坛内主要建筑有祈年殿、皇乾殿、祈年门等。

其中，祈年殿初名"大祀殿"，是一个矩形大殿，高38.2米，直径24.2米，里面的金丝楠木柱子排列讲究，分别寓意四季、十二月、十二时辰以及周天星宿，是古代明堂式建筑仅存的一列，也是天坛的主要建筑。圜丘建于明嘉靖九年（1530年）。每年冬至在台上举行"祀天大典"，欲称祭天台。

揭秘多次回声

美国作家马克·吐温有一篇小说，叙述一个男人有一种喜欢收集回声的怪癖。这个男人到处去寻求会产生回声的地方，并且把这些地方买下来。起先，他在佐治亚州买了一个会产生4次回声的地方；然后又在马里兰州找到一个会产生6次回声的地方；之后又在缅因州找到一个会产生13次回声的地方；接着又在堪萨斯州找到一个有9次回声的地方；最后，则在田纳西州买了一个能够产生12次回声的地方，而且这地方很便宜，因为这地方是在悬崖边，而且有一部分崩溃了。因此，他必须把这地方重新整修，才能使回声恢复到原来的12次。于是他花了几千美金请了几位建筑师来整修这个地方，可是没有任何一位建筑师对回声有把握。最后，反而把这个地方整修得更糟。

世界各地，尤其是山区，能产生许多次回声的有很多处。而且有一部分地方，自古以来就很有名。

美国作家马克·吐温

现在，举出几个以回声闻名于世的地方的例子：

英国的乌德斯尔克，能听到 17 次回声。哈鲁尔斯塔特附近的勒宁布尔克的一个废墟，能够听到 27 次回声，可是自从有一边城墙倒塌之后，这里已经听不到这么多次回声了。捷克阿德尔斯堡附近一座圆山的某处，能够听到 7 次回声，不过离开此处几步远的地方，即使是枪响，也不会产生回声。还有，意大利米兰附近的某个城堡（这个城堡现在已经不存在），在这里可以听到好几十次的回声，如果是从窗户发射子弹所造成的枪响，可以产生四五十次的回声，而人的声音

则可以产生 30 次的回声。

回声就是声波碰到某种障碍物而反射回来的现象。和光线的反射一样，音波的入射角也和反射角相等。

如果你和障碍物之间的地面有凹下去的地方，那么，这个凹下去的地方就变成像凹面镜的作用一样，能够产生更清楚的回声。相反地，地面如果是凸起来的话，回声就会减弱，甚至有时不会回到你的耳朵去，像这种凸起来的地方，就很像凸面镜的作用一样，会使音波散乱。因此，在不平坦的地方，如果要得到回声的话，就必须知道一些要领，如果不懂得这种要领的话，即使有适当的场所，也不一定能得到回声。最主要的方法就是所站的位置不要太靠近障碍物，也就是让音波通过相当长的距离，然后再反射回来比较好。否则，反射回来的声音太快的话，就会和你发出去的声音一致，这样是没有用的。我们知道声音在空气中的传播速度约是每秒钟 330 米，所以，如果在离开障碍物 85 米的地方喊叫的话，则 0.5 秒钟之后就可以听到回声了。

尖锐的高音，比较容易产生回声。例如少女的尖叫声、笛子声、雷声

等，都很容易产生回声，而且回声都很清楚。有节奏性的拍手声音，也非常容易产生回声。而人的声音，尤其是男性的声音，则比较不容易产生回声。

千奇百怪的回声

在世界的一些地方，由于当地特殊的地理条件，出现了妙不可言的回声现象。这些大自然出神入化的杰作，在令游人赞叹不已的同时，也常常让他们感到困惑不解、神秘莫测。

连绵不断的回声

在英国牛津郡的一个地方，寂静的夜晚放一声枪，可以连续听到20多次的回声。在捷克的亚德尔士巴哈附近，有一个圆的断岩，站在某一地方讲一句简短的话，断岩会将原话重述3次。我国江西弋阳的龟峰，有一处名胜——回声谷，游客在那里高喊一声，可以先后听到4句相同的回声。在英国威尔斯的梅奈海峡上，横跨着一座悬桥，人们在桥的一端用铁锤敲一下桥梁，然后沿桥前进，一路上可以听见一连串锤击的回声，十分好听。

马拉松式的回声

在意大利的罗马古战场，有一座坟墓，人们站在附近高声朗读一首短诗，读完后不久，便会从远处传来回声，把全诗从头到尾重诵一遍。在印度中部的漫图荒城之中，有一个地方，游客在那儿一板一眼地吟上一句长话，便能听到全句的回声，一个字也不会遗漏。

只"反映妇女呼声"的回声

在英国某地有一处地方，妇女在那儿大声一呼，立即响应；而男子喊声再大，却寂然不闻回声。因此，这里获得了"要求妇女参政的示威者"的雅号。

化为天然音乐的回声

在爱尔兰基拉尼湖畔的一个长满灌木丛的小河谷中，无论何人在此吹奏号角，便会听到犹如乐器伴奏般的回声。在美国蒙大拿州南部的一条大河边，河水奔腾的吼声从远处陡峭的山壁上反射回来的回声，像一辆疾驰而过的警车，先是尖锐刺耳的哨音，尔后转为低沉的鸣叫，最后渐趋沉寂。在美国和加拿大之间的苏比略湖，附近有一个叫莺港的地方，人们在这里听到的湖水冲击石子的回声，像琴师弹奏的优美的乐曲。在美国缅因州的鞍峰山，更有一奇妙的去处，人们在这里无论发出多么嘈杂刺耳的声音，它的回声也会变得柔和悦耳，像一支优美动听的音乐。

余音绕梁是怎么回事

在古代《列子》一书中，记述了这样一个故事：相传一位名叫韩娥的女子，生得眉清目秀，玉容仙姿，并且有一副银铃般的歌喉，是远近闻名的歌手。有一次她到齐国去，走到半路上就钱粮用尽，只好卖唱求食。她在演唱时，联想起自己悲惨的身世，一路上的风尘劳顿，不由得悲从中来，因此唱得如泣如诉，委婉凄楚，使听的人无不潸然泪下。据说在韩娥离开三天之后，她那歌声的余音，还回荡在屋梁之间，叫人久久不能忘怀。后人根据这个故事，就用"余音绕梁，三日不绝"来形容演唱者的歌声优美，令人回味。

《列子》把韩娥的歌声说成是"余音绕梁，三日不绝"，固然是文学上的夸张；但是，从科学角度讲，"余音绕梁"现象的确是存在的。比如，你走进一个又大又空的房屋，大声讲话或歌唱，这时就会听到屋里嗡嗡作响，余音不断。这余音虽然不会"三日不绝"，但持续几秒钟还是可能的。这种现象科学上叫做交混回响。那么，交混回响是怎样产生的呢？要回答这个问题，还得从回声的产生谈起。

一个物体发声后，它所产生的声波一部分直接传入人耳，这是直达声；另外的声波在传播的过程中如果碰到障碍物反射回来，再传入人耳，这就是回声。因声波传播需要时间，因此回声进入人耳总是比直达声来得晚一些。

实验表明，当比较强的回声传入人耳的时间比直达声晚 0.05 秒钟以上时，人耳就能够把这两个声音区分开来。也就是说，这时人耳先后听到两个相同的声音。但是，如果障碍物距离物体很近，人耳听到直达声的感觉还没消失，回声就传入人耳，那么回声就同直达声混在一起而无法分辨，只不过使人耳听到的声音增大而已。人们在普通房屋里谈话无法听到回音，但比野外要响亮，就是这个缘故。如果房屋是一个又大又空的房间，房屋的墙壁、天花板、地面等都能反射声波，一个声音在它们之间要往返许多次才能消失，这时人耳听到的这个声音不仅很响，而且时间上也给拉长了。换句话说，我们就产生了余音袅袅的感觉，这就是交混回响。

交混回响时间的长短，对人的听音效果至关重要。混响时间过短，人们讲话就像在旷野里一样，声音沉闷单调，尤其是使歌唱和演奏失去音乐的美感，混响时间太长，又会使前后声音重叠，听起来语言模糊，音乐节奏杂乱。科学家经过实验测定，最佳混响时间是 1～2 秒钟，这时人耳听到的声音洪亮、清晰、余音丰满。如果是听音乐会，那就让人格外感到优美悦耳、悠扬动听，真正收到了"余音绕梁，三日不绝"的音响效果。

音乐为什么动听

音乐是由一个个乐音组合而成的，这些乐音是发声体有规律振动所产生。但有规律的声音并不都是乐音，乐音同一般声音不同之处就在于它具有音调、响度和音色三个基本特征。因此乐音听起来不但有规律，而且有韵味。我们在歌唱或演奏乐器时看到的乐谱，上面标示的各音都是乐音。这些乐音都各有确定的振动频率。

音乐家为了创作一部音乐作品，必须对所用的乐音进行精心的挑选。音乐家深知，每个乐音都具有各自的音乐特性：高音激越，低音深沉；强音高亢，弱音柔和；音长悠扬，音短明快……他们要根据作品表达的思想感情，从各个乐音中挑选出自己最需要的，然后把它们有机地组织起来，形成一个完美和谐的艺术整体，使它不仅有音的高低和强弱的变化，而且有明晰的节奏和优美的旋律。

利用回声测距离

1912 年 4 月，英国泰坦尼克号大邮轮载着 2000 多名旅客，航行在大西洋海面上。当它行驶到距纽芬兰岛约 136 千米时，不幸跟一座坚硬的冰山相撞而沉没，船上 1700 人因此葬身鱼腹。这一空前海难的发生，向科学界提出了一个严峻的课题：在烟波浩渺的海洋里，航行的船只有没有办法及早发现航道上的冰山或暗礁，而避免此类悲剧的重演呢？

泰坦尼克号

早在 1804 年，俄国科学家捷哈鲁夫曾做过一次有趣的实验：他乘坐一个大气球上升到高空中，然后对着地面大声呼喊，结果 10 秒钟后他听到了来自地面的回声。由于声波在空气中的速度为每秒钟 340 米，声波一来一回共用了 10 秒钟的时间，由此他推算出气球距离地面的高度为 1700 米。

捷哈鲁夫的实验给了人们以启示，利用物体发出声波的回声，可以探索障碍物的存在；同时由接收到回声时间的长短，还能判断出物体距离目标的远近。根据这个原理，科学家研制出了船用"回声测位仪"。这种仪器的主要部分是一个类似"嘴巴"的声波发射器，不断定时地向外发出声波；同时有两个类似"耳朵"的听音器，用来接收从障碍物反射回来的声波，并辨别回声传来的方向；另外它还有一个专门记录声波从发出到接收到回声所用时间的装置，这种装置能自动地将上述时间转化为里程，使操作者可以直接从指示器上读出船只到目标之间的距离。船只安装上这种回声测位仪后，即使在云雾漫漫或茫茫黑夜中航行，也能及时发现前方的冰山或暗礁，并能正确判断出它们所在的位置，从而保证了船只行驶的安全。

利用回声测距的原理，人们还制成了海洋"回声测深仪"，用来测量海底的深度。古时候人们测量海深是个很麻烦的事，他们需用一根很长的绳索，下面坠上很重的铅锤，然后把它们投入海中。当铅锤到达深底后，再把绳索从水中慢慢拉出来，丈量出它的长度。由于海水的流动，绳索在水下很难保持垂直，加上测量时必须停船，所以这种测量海深的方法既费时又不准确。特别是在深海测量时，因绳索放得很长，绳索本身有时比铅锤还要重。这时测量的人感觉不出铅锤何时到达海底，因此就无法测量出海有多深了。有了回声测深仪，这个问题便轻而易举地解决了。回声测深仪的构造同回声测位仪差不多，它安装在船只的底部，通过测量声波到海底来回所用的时间来推算海底的深度。用回声测深仪进行测量非常简单，过去用古老的方法测量几千米的海底，需要几个小时，而现在只需几秒钟就行了。另外，由于船只安装上回声测深仪后可以一边航行，一边测量，所以现在它还广泛用来探测海底鱼群所在的位置和深度，这就大大提高了渔业上捕捞的效率和产量。

在海洋学或海底地质学的研究方面，对于海底深度的测定是很重要的。不仅仅如此，还有浅海深度正确而快速的测定，对于航行的船只，尤其重要。因此，如果船只装配"回声探测器"的设备，则可以全速向着岸边开过来，并且也可以在暗礁较多的地方行驶。

最近，"回声探测器"已不再使用普通的音波，而是使用 15～200 赫的这种波长很短的声波。当然，这种声波，人的耳朵听不到，它是利用"水晶振动器"产生的。

同情摆与共振

找一根木棍，把它架起来，再用两条同样长的小线分别拴上两个小锁，就做成了两个固有频率相同的摆。用图钉把它们钉在木棍上，等它们静止以后，你轻轻地推一下其中的一个摆，让它自由振动。过一会儿，你会看到另一个摆不推自己振动起来了。

这就是著名的"同情摆"实验。它说明一个物体振动时，可以引起另一个物体的振动。共振是物理学上的一个运用频率非常高的专业术语。共振的定义是两个振动频率相同的物体，当一个发生振动时，引起另一个物体振动的现象。

共振在声学中亦称"共鸣"，它指的是物体因共振而发声的现象，如两个频率相同的音叉靠近，其中一个振动发声时，另一个也会发声。

我们再用小线和小锁做一个摆，摆长不要和那两个相同，挂上它。看！这第三个摆对它们就不那么"同情"了，因为它的固有频率和前两个不相同。

这种"同情"共振在很多场合都是有害的，必须设法防止。例如，有经验的人挑水的时候，总是把两头的绳子放长一些，这样挑起来要稳当些，同时还要在水面上放一片木板。放长了绳子可以使担子的固有频率变小，与人肩头摆动的频率错开；加上木板防止了水和肩头摆动发生共振，避免水溅到桶外。还有火车车轮和车轨缝相撞时也可能引起共振，在制造火车时必须考虑到车厢下弹簧的固有频率，防止发生共振。冲床、汽锤和各种机械在工作时都有一定的频率，工程师在设计厂房和安装设备时，也应当采取措施，避免发生共振。但是，这并不是惟一的办法。

1900年秋，俄国巡洋舰"雷击"号作航行试验。按照设计，这艘军舰的速度可以达到38.9千米/时，发动机的轴每分钟可以转125转。"雷击"号发动机转速达到105转/分的时候，航速刚刚达到33.3千米/时，舰身就发生了剧烈的摇摆，连鱼雷发射管里的鱼雷也给震落到海里。怎么办？舰长当机立断，再提高转速，加快航行，那可怕的摇摆反而平息了下去。原来，105转/分时会发生共振！类似的事件还有不少，有的巨轮就曾因共振而覆没。

现代的许多机器都是可以变速的，当它达到某一转速时就会引起共振，这就是机器转速的"禁区"。为了防止因共振发生事故，我们在开动机器时首先要了解这个转速的"禁区"——临界转速。

我们也可以利用共振。在煤矿工业里常用共振筛来筛分煤炭和碎石。它的基本原理就是利用电动机推动筛子往复振动，为了提高效率，就需要调整策动力的频率和筛子的固有频率，使两者发生共振。

还可以利用共振破冰，为船舶开道。这种破冰船是现代的气垫船，气垫船先"浮"在冰层上行驶，把一部分气垫压到冰层下边，形成一个空气腔，然后利用共振效应，使冰层一触即破。

1980 年，我国的青年技术人员在专家指导下，利用共振原理，研究出了木材切削新工艺和新设备。这种设备不用电动机，是以电磁铁为动力，利用机械共振带动刀头切削木材的。他们创制的木工电磁振动刨，不但能平刨普通木材，而且能把极短的木料和极薄的木片刨平，这是手工操作无能为力的。

神琵琶与共鸣

我国宋代有位著名的科学家叫沈括。有一天，他到一位朋友家串门，那位朋友拿出一个普普通通的琵琶，说是件奇宝："这可是件神琵琶，把它放在空空荡荡的房间里，用笛管吹奏曲子，它会跟着发声呢！"

沈括看了看那奇宝，不以为然地说，这是共鸣现象。后来，沈括又精心设计了一个实验：他剪了一些小纸人放在琴弦上，每弦一个，然后弹琴，结果是除了被弹奏的弦线振动以外，还有一根与它相应的弦也振动——那弦上的小纸人跳动起来。但是别的纸人却都静止不动。

沈括还用两把琴做了共振实验，弹这只琴，另一只琴的弦会发生振动，那跳动的小纸人就是"证人"。

你如果找不到古琴，可以做一个类似的实验：

找两只同样的玻璃杯，用筷子敲一敲，它们发出的音调一样。把两只杯子放在同一桌上，相距在 3 厘米以内，在甲杯杯口上放一根细铜丝（可以从多股铜电线里抽出一股）。用筷子敲乙杯，看！甲杯杯口上的铜丝动了。如果不动，可以使两个杯子再靠近一些。如果还不动，可以在杯子里放一些水，使两个杯子的音调相同。这个实验必须耐心去做，因为只有两个杯子的音调一样才行。

在实验室里是用共鸣音叉来做这个实验的：两个音叉的固有频率是相同的，它们分别立在两只相同的小木箱上，箱口彼此相对。用橡皮锤敲击甲音叉，它发出了声波。用手握住甲音叉，它不发声了，我们却听到了乙音叉在"唱歌"。如果在乙音叉上粘上一张纸，改变了它的固有频率，"甲唱乙和"的现象就消失了。

这里边的道理很简单，甲振动后发出的声波，引起了乙的共振。因共振而发声的现象就叫共鸣。共鸣是一种共振，它的条件是两件共鸣物体的固有频率相等。

共鸣的现象早就被古代科学家注意到了。2300多年前的古书《庄子》里就讲到过调瑟时发生共鸣的现象，说在清静的房间里调瑟上的"刁"弦，别的"刁"弦也动了；调"米"弦，别的"米"弦也动；"音律同矣"。

攀登高山时为何不能大喊

默默无言的登山者

登山是一项极富挑战性的体育运动。登山运动员在攀登高山时，总是默默无言地前进，不许高声喊叫。这是为什么呢？

高山上一年到头覆盖着皑皑白雪，而且又经常不断地下雪。每下一次雪，积雪层就加厚了一些。积雪越厚，下层所受的压力也就越大，下层的雪就被压得密实起来，变成为雪状的冰块。同时，不断增厚的积雪又像一条棉被似的盖在山上，使底层的热量散发不出去，因此，积雪底层的温度常常比积雪表面的温度高出10~20℃，再加上底层的雪所受的压力又较大，这样，底层就会有一部分冰雪化成了水。

高山积雪层的底部有了水，就好像给冰雪层涂上了润滑油，使冰雪层随时都可能滑下来。如果有一块大石头掉下来，或者哪里传来一种振动，都会使积雪层崩塌下来，把沿途所有的东西都埋葬在里面，这就是可怕的雪崩。

人在高声喊叫的时候，会发出多种频率的声波，通过空气传递给积雪层，往往会引起积雪层的振动。如果有一种喊叫声的频率，恰好与积雪层的固有振动频率接近或相同，就会形成共振，使积雪层发生强烈的振动而崩塌下来。这对登山运动员来说，是很危险的。因此，"禁止高声喊叫"就成了登山队的一条戒律。

空热水瓶发嗡嗡声之谜

你有这样的经验吗？将耳朵凑近空热水瓶、空瓶子或空水杯等容器口，就会听到嗡嗡声。这是什么缘故呢？这些空容器里并没有什么发出声音的东西！

这种现象在声学上称为共鸣。共鸣就是声音的振动引起的共振现象。比如，两个发声频率相同的物体，如果彼此相隔不远，那么使其中一个发声，另一个也就有可能跟着发声，这就是共鸣产生的效果。

我们可以将这些空容器里的空气看做空气柱，空气柱也是一个发声体，当容器口周围有一个频率适当的声音，那么空气柱就会产生共鸣，而使这个声音大大加强。物理学家深入研究后发现，只要有一个波长等于空气柱长度的 4 倍或 4/3，4/5……的声音传入容器后，就能引起共鸣。普通热水瓶内部高度大约是 30 厘米，可以算出，如果有波长为 120 厘米或 40 厘米、24 厘米……的声音传入热水瓶，都会引起共鸣。

我们周围是一个声音世界，无时无刻不存在各种波长的声音：人和动物的声音、风和流水的声音、机器和车子的声音……就是在宁静的夜晚，也有从远方传来的各种声音，只是它们比较微弱，我们不容易听见罢了。在这许多声音里，总有可以引起各种容器共鸣的声音。微弱的声音引起容器中空气柱的共鸣，声音就被加强了。一般总是同时有多种波长的声音在那面发生共鸣，这就是我们的耳朵凑近空热水瓶等容器口时，所听见的嗡嗡声。空气柱短，引起共鸣的声音的波长也短，因此，一个小瓶子发出的嗡嗡声要比热水瓶发出的尖锐。

如果容器有所破损，使原有的空气柱的完整性遭到某种破坏，那么，共鸣的声音也会有所变化。因此，人们往往通过聆听空热水瓶发出的嗡嗡声来检查瓶胆是否有所破损。

妙用"黄钟律管"共鸣现象

我国古代度量衡是用一根管子做标准的，这就是"黄钟律管"。它有一定的管长和管径，也有一定的容量。这种"黄钟律管"翻造以后分发全国各地当做度量衡标准。如果有谁弄虚作假，中央派出的官吏只要把国家保存的"黄钟律管"跟他的律管一比，就能戳穿。用眼睛是看不出假黄钟的，必须使地方的黄钟和国家的黄钟发生共鸣，地方的黄钟才是真的。这是非常严格的，假黄钟不能发生共鸣。

做两个纸筒。甲纸筒有底，稍粗些，乙纸筒是个管子，可以套进甲筒里前后移动。找一个音叉，用橡皮锤把音叉打响，让正在发声的音叉对准筒口，伸长或缩短纸筒，你会发现，当纸筒恰恰达到某一长度时，声音最响。如果没有音叉，用自行车铃的铃盖也可以，不过，要用钳子夹着铃盖里的螺钉，不要让铃盖和其他物体相接触。这就是空气柱共鸣实验。

也可以用连通管来做这个实验。用两根玻璃管和一段塑料管装成连通管，向里边灌水，甲管口放一发声的音叉，提着乙管慢慢下降，甲管里的水位不断下降，里边的空气柱不断增长，当达到某一长度时，听！发生共鸣了。

这个实验说明，一定长度的空气柱能和一定频率的声源发生共鸣。科学实验证明，跟某一声波共鸣的空气柱长度，最短应等于声波波长的1/4。

我国古代科学家就是利用这个原理来测定各地"黄钟律管"长度的。

测定实验是在缇〔tí〕室里进行的。缇是一种素色无纹的丝织品，用它布置一间帐房，帐房外面有三层套间，还有三重曲折的门径，使室里听不到外来的声响，吹不进外来的风。这就是缇室。

做实验的人在缇室的中央，四周摆一圈实验桌。桌上微微倾斜地放着那些一端开口、一端封闭的圆形待测管。每根待测的管子里都放一点轻灰，那轻灰是用芦苇秆里的薄膜烧成的，稍有振动就会移动位置。做实验的人在中心位置吹笛，发出标准的黄钟音。凡是产生共鸣的管子，都会把管内的轻灰吹成一小堆一小堆的，不会共鸣的管子里的轻灰依然不动。真假就分清了。

缇室还可以为各种乐器定音，在制造乐器和调整乐器上起着重要的作甩。

我国的古书《吕氏春秋》里就有关于缇室的散记。那本书的主编吕不韦死于前235年。这说明，早在2200多年以前我国就建立了缇室，这是世界上最古老的物理实验室。

由钟响磬鸣说共鸣

据唐朝韦绚《刘宾客嘉话录》记载：唐朝开元年间，洛阳古寺里的一只磬（一种打击乐器），常常不敲自鸣。寺里的老和尚认为是妖魔作祟，又惊又怕，因此卧病不起。老和尚有位朋友名叫曹绍夔，听说和尚病了前去探视，老和尚便把病的起因如实告诉了他。两人正在谈话，磬又响了起来。曹绍夔也感到十分奇怪。就在这时，他听到窗外传来阵阵钟声。曹绍夔凝神一想，便明白了一切。于是，他笑着对老和尚说："明天你请客，我来帮你'捉妖'。"第二天曹绍夔来后，从怀里掏出一把锉刀，在磬上锉了几个口子。从此，磬再也没有自鸣作响。

听了上面的故事后，你一定在想：古寺里的磬到底为什么会自己响起来？曹绍夔用锉刀锉磬以后，磬又为什么不再自鸣作响呢？

为了回答上述问题，先看一个实验：取甲、乙、丙三音叉，使甲和乙的频率一样，丙和它们的频率相差甚远。将甲、乙分别装到两个共鸣箱上，敲击甲，乙自鸣，或敲击乙，甲自鸣。若取甲、丙或乙、丙作上述实验则无自鸣发生。我们以前说过，各种声音都是由物体振动产生的。物体振动的快慢和振动的幅度不同，它所发出的声音就不同。物体振动得快，发出的声音的音调就高，振动慢，音调就低。物体振动的幅度大，发出的声音就响，反之声音就弱。物体在每秒钟内振动的次数叫做频率。一个物体的振动频率是由它自身的条件（像材料性质、密度分布、结构和形状等）决定的，因此通常又把它叫做物体的固有频率。物体的固有频率在每秒钟16～20000次之间时，它所发出的声音就能被人耳听到。

使物体发声最常见的方法，就是直接用外力激发物体。我们平日敲锣、打鼓、击钟、弹琴等发出的声音，就是采用的这种方法。但是，也可以采用另外的方法使物体发声。人们常会看到，当远处放炮或飞机掠空而过时，门窗会格格作响。原来这是炮弹爆炸或飞机飞行发出的声振动，通过空气或地面传递到门窗上，迫使门窗振动发声的结果。这是一种间接激发物体使其振动发声的方法。人们通过研究发现，当一个物体的声振动通过中间物质间接传递给另一个物体时，若前者的振动频率与后者的固有频率相差甚远，则后者发出的声音很轻微，甚至听不见。反之，若两者的频率恰好相同或相近时，后者就会引起大幅度的振动，从而发出显著的声响来。这种现象叫做声音的共振，或者叫做共鸣。

通过以上的分析，我们自然就很清楚，上面故事里的磬的自鸣，是一种共鸣现象。它是由于寺院里的钟声的振动频率，恰好与磬的固有频率相同或相近造成的。当曹绍夔用锉刀在磬上锉几个口子后，改变了磬的固有频率，两者不再共鸣，自然磬也就不再自鸣作响了。

共振应用很广泛，桥梁等建筑物的设计应避免共振造成破坏。地震仪探测地震和一些乐器的制造也是利用共振。

世界上最早的共鸣实验

春秋时期有一个叫鲁遽的人，是位琴师。有一次，他在众人面前做了一次有趣的"调瑟（瑟，是一种25弦古乐器)"表演。他把一个已定好弦的瑟，放在一间清静的屋里，自己在另一间相邻又相通的屋里调另一个瑟的弦。当他调出"1"（多）音时，另一个瑟所有的"1"弦都动起来，发出"1"音；调出了"3"（米）音时，另一个瑟的"3"弦都动起来发出"3"音；如果调出的音和另一个瑟的任一弦音都不相合时，另一瑟的25根弦全动起来。在场的人看后无不感到惊讶。

载于《庄子》的这个故事，是我国最早的关于共鸣现象的记述，同时故事中的鲁遽也可以说是世界上第一个做共鸣实验的人。

"缸"琴的秘密

明代的《长物志》一书记载说，当时有的古琴家在琴室的地下埋一口大缸，缸里还挂上了一口铜钟，在缸上弹琴，那琴声尤其洪亮悦耳。

"缸"琴的秘密也为演戏的人所注意，我国古代剧场的舞台下常常要埋几口缸。北京故宫畅音阁下，挖有五口井，舞台上发出的"畅音"洪亮而圆润，有余音绕梁的效果。

找一个空木盒或空纸盒，拿一台袖珍式半导体收音机，把收音机打开，先让它在地面上唱歌，再让它"站"在空盒子上唱歌，你会发现，后者的歌声常常比前者优美动听，声音响亮。

拿滴答作响的小闹钟也可以做这个实验：把小闹钟放在空纸盒上，它的滴答声就会加强。这个道理很简单：小闹钟的滴答声引起了盒子里空气的振动，使声音加强了。

缸上弹琴就是利用共鸣来加强演奏效果的，那缸就是一种共鸣器，也可以叫做共鸣箱。

各种乐器都有共鸣器，我们自己动手做的纸盒六弦琴也不例外。那个空纸盒就是共鸣器。皮筋振动后，引起盒内空气的共鸣，加强了乐器的声响。

用两个手指撑开一根皮筋，用另一只手去弹它。你会感觉到皮筋在剧烈地振动，但是，它并没有发出较强的声音。同样是这根皮筋，把它套在纸盒上，就成了"纸盒琴"。

拿一把调好弦的胡琴，拉几下，听听有多响。然后把胡琴上的琴码取下来，换上一支能横跨琴筒的直木棍。木棍不能压着琴筒的蒙皮。再拉几下，听！那声音弱多了。如果请一位同学去摸蒙皮，他就会发现，有琴码时蒙皮振动得很强，用木棍隔开时，蒙皮振动得很弱。

琴弦是琴的发声体，它们通过弹拨或摩擦而振动发声。但是弦很细，与周围空气的接触面积很小，它再强烈地振动，也扰动不了多少空气，所以它发出的声音不会很强。把弦的振动通过琴码传给蒙皮，再引起腔体里空气的振动，情况就不同了。蒙皮与空气的接触面很大，蒙皮一振动能扰动许多空气，这样就把声音"放大"了。琴码是不可缺少的角色，被人称为"声桥"。胡琴下边的蒙皮和腔体，被人们称为"共鸣箱"。其实，它的放大作用并不都是依靠共鸣达到的，从物理学角度来分析，只有当共鸣箱体的固有频率和弦的频率合拍时，才能发生共鸣。

当然，有些乐器的共鸣箱确实是靠共鸣作用来放大声音的。清脆悦耳的木琴，每个音条下边都有个共鸣筒，筒内的空气柱和相应的音条发生共鸣，敲打起来能达到"大珠小珠落玉盘"的奇妙效果。

不光乐器需要共鸣箱，许多音响设备都需要类似的助音箱。

揭秘中国金牌小提琴

琳琅满目的乐器能奏出各种优美的音乐，有的婉转悠扬，有的舒徐急促，有的轻拢慢拈，有的激越昂扬。这是为什么？

观察各种胡琴：二胡、板胡、京胡、四胡，你会发们的共鸣箱形状很不相同，观察各种提琴：小提琴、中提琴、大提琴、特大提琴，你更会发现它们的共鸣箱大不一样。

各种乐器发出的声音具有不同的音色，和它们各自的共鸣箱不同有极大的关系。胡琴就是那么两根弦，由于共鸣箱的不同，拉起来效果也就不一样了。

把滴答响的小闹钟放在大小不同的各种盒子、箱子、罐子上，仔细听那滴答声，你会听出它们略有不同。

乐器的共鸣箱不仅有放大作用，而且兼有改善乐器音色的作用。琴弦振动，琴匣除了随弦的频率振动之外，还发出泛音，并且改变原来弦的基音和各个泛音之间的强度比。例如音箱的固有频率在低音范围，演奏到某些音调时，由于共鸣的作用，泛音可以很强，使音色优美动听。从这个角度来看，它真不愧是"共鸣箱"。

1980年11月，在美国纽约举行了第四届国际提琴制作比赛和展览会。世界各国的提琴制作家和演奏家聚集在一起，对参加比赛的304件提琴进行评审。我们中国第一次参加这场比

获得金奖的"红棉"牌小提琴

赛，但是，我国广东乐器厂生产的"红棉"牌小提琴在评比中名列前茅，获得了音色金牌！

中国小提琴得到金牌，使许多国家为之震惊。小提琴是西方乐器，诞生在意大利。著名的意大利古代提琴制作家斯特拉第瓦利制作的小提琴音质优美，300 年来西方各国的大师一直在模仿这种意大利古琴，奇怪的是，无论模仿得多么惟妙惟肖，在音响效果上总是大为逊色。

我国制作和研究小提琴是在新中国成立以后才开始的。我国的科研人员在 20 世纪 50 年代末就利用电声技术对小提琴进行测试。1975 年以后又应用最新的全息摄影技术对小提琴进行研究，对共鸣箱琴板材料的弧度和厚度的变化规律有了较深刻的认识。"红棉"牌小提琴的主制者陈锦农在严格模仿意大利古琴的基础上，使我国的小提琴工艺细致工整，线条丰满流畅，音质华丽豪放，音响均匀，远传力强，达到了高水准。国外报刊在评论中国小提琴获金牌时说："虽然不会有另一个比得上 A. 斯特拉第瓦利制琴大师了，但是谁知道在像中国这样的地方会出现什么奇迹呢？"

1983 年 7 月，我国北京提琴厂制作的小提琴，又在德国提琴协会举办的首届卡赛尔国际制作比赛中获得了音质金奖。

奇迹是否还会不断发生呢？

是的，在中国还会出现奇迹。中国不但要有像"缇室"那样的古代奇迹，更要有像金奖小提琴这样的当代奇迹。这些奇迹的创造，必须依靠科学，依靠掌握科学的人，依靠那些不怕艰险勇于创新的人！

解决声音"短路"的障板

不光是小提琴需要考究的琴箱，收音机的喇叭也必须有合适的匣子。

找一台半导体收音机，把它的匣子去掉，让那喇叭唱歌，你听，那音色差多了，音量也弱多了。

家庭用的收音机、录音机和电唱机，都要靠纸盆式的喇叭扬声。人们早就发现，孤零零的一只扬声器放出来的声音是不优美的，因此，不断地对喇叭进行研究和改进。

仔细观察一下纸盆喇叭放音的情况，你会看到那纸盆在前后地振动，它

收音机中的喇叭

的声音就是靠这种振动发出的。

纸盆喇叭向前振动时，它把前面的空气压缩了，与此同时，纸盆后边的空气却被拉疏，纸盆前后空气的压力不相等，前边被压的空气就会从喇叭的边缘溜到背后，和被拉疏了的空气中和，产生抵消作用——声波的波峰遇到声波的波谷互相中和了。这么一来，声音好像被"拖住"了，跑不远，声强也弱了。这种现象就叫声音的"短路"。

有趣的是，声音的频率越低，短路的现象越严重。用单个的喇叭放音，低音几乎都短路了，听到的只是尖叫声，音色当然不会优美。

怎样防止声音短路呢？当然是想办法把前后的空气隔开就行了。

在一块纸板或木板上开一个孔，把扬声器装在孔上。如果板面足够大，就能放出较好的低音。这个板就叫"障板"。

安装"障板"的目的是让喇叭能真实地还原几十赫到一万多赫的声音。实验的结果是，一块 70×70 平方厘米的障板，只能播放 120 赫以上的声音，要较好地播放最低频率为 60 赫的音乐，障板的尺寸就非要 140×140 平方厘米不可，简直成了一扇大门。

把障板改成箱子，就成了助音箱。常见的助音箱是敞开式的，它可以没有后盖板，或者虽有后盖板，板上也开了无数的洞。大部分收音机和电视机的机壳都可以看成是敞开式音箱。这种音箱实际上是障板和共鸣箱的结合，箱子本身有个固有频率，对于这个频率的音响可以加强。体积较大的音箱固有频率比较低，所以个子大的收音机往往能播出低音。如用袖珍半导体收音机去听低音是很难的。

敞开式音箱由于后边开口，后边的声波总会有一部分要绕到前面，与前面的声波互相抵消。声音的频率越低，这种现象越严重。

一个高 90 厘米、宽 60 厘米、深 45 厘米的落地式敞开音箱，固有频率在

80 赫左右。在这个频率左右的声响可以增强 6 ~ 10 分贝，而在 60 赫以下的声音却很微弱。看来，敞开式音箱并不是很理想的。

倒相音箱

现代放音系统的音箱有许多种类，我们这里介绍一种业余爱好者喜爱的音箱，它的名字叫倒相扬声器箱。

什么是倒相呢？通过介绍，我们已经知道，敞开式音箱从后边射出的声波总有一些绕射到前边，和前方的声波相抵消。如果我们想办法，让前边的声波波峰和后边的声波波峰相遇，那样声音就会加强。把后边的声波变一下，让它能和前边的声波叠加，就是倒相。

倒相式音箱后边是封闭的，在安喇叭的面板上开了一个孔——倒相孔。倒相孔里边有个开口的管，叫倒相管。如果设计的尺寸合理，喇叭纸盆后面发出的声波经倒相管从倒相孔传播出来，恰恰能和前面播出的声波叠加，从而使低频声音增强。还有一种音箱，宽比高要长一些，叫卧式倒相音箱。

揭秘石像说话之谜

门农是希腊神话中埃塞俄比亚的国王，他在援救特洛亚人的战争中，被希腊的阿喀琉斯所杀。2000 多年前，人们为了纪念他，在卢光苏尔附近为他建造了一个高 20 米、重 4 吨的石头塑像。没想到石像建成后不久，人们就发现，每当太阳升起的时候，它就发出低微的声音，像在自言自语，又像在诵经念文，前后长达一两个小时。当时的人们弄不清到底是怎么回事，认为这是神在说话，于是纷纷前来顶礼膜拜，祈祷禳灾。几百年后，因石像遭风侵雨蚀，塞普契米·塞维尔大帝诏令加以修复，结果石像从此再也不说话了。

据今人考证，门农神像发声是由于朝阳照射形成的热上升气流引起的。气流在上升的过程中同粗糙的石像表面摩擦便会产生声振动，这种声振动同石像上缝隙和孔洞内的空气柱发生共鸣，便会发出声来。

在我国历史上，曾出现过会"说话"的石头。据史书记载，列国时代，晋平公在修筑一座新宫殿时，发现开采来的石头中，传出类似人的说话的声音。晋平公闻之十分吃惊，忙召来文武大臣想问个究竟。宰相师旷早就听说老百姓对朝廷横征暴敛大兴土木怨声载道，但又不敢直言相谏，于是，借机便对晋平公说："依臣之见这是不祥之兆，一定是老天不让我们建造这座宫殿。"晋平公听后点头称是，出于无奈他只好把正在兴建的工程停了下来。

 知识点

"共鸣"的威力

《圣经》上有一个"不攻自破"的故事。讲的是古时候两国交战，甲国兵败后被乙国军队围困在耶里哥城堡里。因耶里哥城堡十分坚固，乙国几日攻克不下。后有人向乙国献计，让军队鼓号齐鸣，结果城堡不攻自破，突然坍塌了。

这故事听起来有点荒诞不经，其实它也有一定的科学依据。按照"共鸣"原理，当一个物体的固有频率同外来声波的频率相同或相近时，在外来声波的激发下，它的振动幅度就会越来越大，在超过一定的限度后，它就会被破坏。

历史上也确实有这样的例子：1905年，俄国圣彼得堡道利达官的大会议厅里，装上了一台电风扇。因风扇产生的风声的频率与会议厅天棚的固有频率相同，致使天棚塌了下来。

揭秘鸣沙之谜

1961年的一天，几位新华社记者来到了新疆塔克拉玛干沙漠。晚上他们在100多米高的沙丘顶上宿营时，突然听到一种高昂而清朗的声音，好像有人在拨弄琴弦。他们好生诧异：在这荒无人烟的地方，怎么会有人弹琴？于是他们循着琴声走去，结果发现声音原来是从沙丘下滑的沙子里发出的。

早在600多年前，意大利著名旅行家马可·波罗，在他撰写的《东方见

闻录》一书中，就曾生动记述了他到中国旅行时，在塔克拉玛干沙漠中碰到"会唱歌的沙子"的情景，科学上把这种现象叫做"鸣沙"或"响沙"。

会唱歌的沙子

目前世界上已发现有 100 多处地方有响沙，并且各有各的特色。

日本京都附近的琴引滨，有广阔的大沙滩。当人们在沙滩上漫步时，沙子像一个被人弹奏的钢琴一样，发出美妙动听的乐曲声。

哈萨克斯坦的伊犁河畔，有一座 300 米高的沙山，堪称天然风琴。每当刮风或人下山时，它都会发出悦耳的歌声。

美国夏威夷群岛中考爱岛的纳赫里海滨，连绵起伏着长 800 米、高 18 米的巨大沙丘。这些沙丘是由珊瑚遗体、贝壳和熔岩沙粒组成的，在灿烂的阳光照耀下发着洁白的闪光。当人们踏上这些沙丘时，就会听到脚下的沙子发出"汪汪"的狗叫声，而且沙粒越干燥，声音越大。

我国最有名的响沙，是内蒙古鄂尔多斯市达拉特旗的银肯响沙。这里的沙海在定向风的吹拂下，形成坡长 100～120 米，相对高度 60 多米的新月形沙堆。在晴朗干燥的日子里，当人们爬上沙堆顶端顺坡下滑时，沙子随着人体的运动便发出低沉的隆隆声，既像汽车马达响，又似飞机发动机的轰鸣。假如你用双手把沙子使劲一捧，沙子还会像青蛙一样哇哇地乱叫呢！

那么，响沙是怎样形成的呢？目前人们还不十分清楚。一种较为普遍的说法是：沙丘在特定的气候条件下，内部形成一种特殊的空腔。当上部沙层在外力作用下沿着比较坚硬的下部沙层的波形表面滑泻时，由于相互摩擦而发出声波。这种声波和空腔内的空气发生共鸣，就会发出十分响亮而古怪的声音来。

我国古代的"窃听器"

2000 多年前，春秋战国时期的鲁国有个叫墨翟的人。此人是位学者，又是个能工巧匠。他会做"任五十石之重"的大车，曾与当时名匠公输班（鲁班）比过巧智。他还创制守城器械，胜过公输班的攻城云梯。特别是他发明的"听瓮"装置，可以说是世界上最古老的"窃听器"。

墨翟生活在战国初期，当时华夏大地上群雄争霸，战事接连不断。各国为了守卫住自己的疆土，都筑起了高耸的城墙和坚固的城防工事。然而即使这样，也没有挡住敌军的入侵。原来狡猾的入侵者，当看到正面进攻不成时，就采用了迂回战术：他们悄悄挖掘地道，穿过城墙下，直通到城里某个地方，从侧面或背后打击守军。由于这种攻城方法做得十分隐蔽，常常给对方一个措手不及，守军因此而伤亡惨重。在这种情况下，许多军事家都在研究应付的对策。

墨翟应用共鸣原理发明的"听瓮"装置，提供了一种及早发现敌方挖掘行动的好方法。

据《墨子·备穴》篇介绍，所谓"听瓮"就是"令陶者（制陶工匠）为（制）罂（口小腹大的瓮），容（容积）四十斗（合今 78 升）以上……置（放置）井中，使聪耳者（听觉灵敏的人）伏罂而听之，审知（发觉）穴（地道）之所在，凿内（从里面挖坑道）迎之（迎击敌人）。"陶瓮的安置方法有两种：

一种是沿着城墙根每隔五步（约 6 米）挖井一口，遇高地挖到当时的丈五尺（约 3 米）深，低地则挖到地下水位以下三尺（约 60 厘米）为止。每口井内放置一口陶瓮，并在瓮口蒙上薄皮。当敌军挖掘地道时，就会有声音沿着地面传到瓮中，引起坛内空气的共鸣声；瓮内的声响引起瓮口薄皮的振动，就会被"伏罂"人听到。利用相邻几个瓮中声音的响度差，还可判断出声音传来的方向。

陶瓮的另一种安置方法是：在城墙根的一口井中，同时埋设两个稍有距离的瓮，埋设的深度以瓮口与城基相平为准。瓮口放上木板，使人侧耳伏板滞听。这种方法虽然陶瓮埋设较浅，因而易受干扰，但是因为一口井中埋设有两口陶瓮，所以从这两口瓮中声音的响度差，就可估计声源偏向哪边。再根据相邻两口井中四瓮的响度情况，就能确定出声源所在的方位。

　　墨翟发明的这种"听瓮"装置，后世一直在沿用。到了唐朝，我国又出现了"地听"器。它是用精瓷烧制的容器，形似空心葫芦枕头。据说，人侧头贴耳枕在上面，能听到15千米外的马蹄声。北宋科学家沈括在其著的《梦溪笔谈》一书中，还介绍了一种用牛皮做的"箭囊听枕"，士兵"枕矢（箭）而眠"，亦可听到数里外的人马声。这两种侦听工具，也可以算作我国古代另外的"窃听器"了。

神奇的超声与次声

SHENQI DE CHAOSHENG YU CISHENG

人耳能听到频率在 20～20000 赫以内的声波。高于 20000 赫的是超声波，低于 20 赫的是次声波。这两种声波人耳是听不到的。

超声波波长短，方向性好，穿透能力强，易于获得较集中的声能。可用来诊断人体内脏器官病变，粉碎肾结石，对机械零件探伤，清洗机械、仪器零件等。在医学、军事、工业、农业上有着广泛的应用。

次声波波长长，绕射能力强，不易被水、空气和一般障碍阻挡吸收。次声像噪声一样，对人体会产生不良影响，甚至可以用它来制造杀人于无形的次声武器。不过，次声也可用来探测高空气象、侦察核爆炸、预测地震等。

次声波和超声波

人生活在声波的世界里。说话声、唱歌声、音乐声、行车声、嘈杂声……其实，人能听到的仅是声波的一部分。实验表明，人仅能听到频率在 20～20000 赫以内的声波。这个范围内的声波叫可闻声波。低于 20 赫的叫次声波，高于 20000 赫的叫超声波。次声波和超声波是人听不见的。可闻声主要应用于语言交流和音乐等。次声波波长长，绕射能力强，不易被水、空气和一般障碍阻挡吸收。地震、核爆炸产生的次声可绕地球传播两三周。因此次声可用来探测高空气象、侦察核爆炸、预测地震等。超声波波长短，对液体和固体有较强的穿透能力，可用来对机械零件探伤，诊断人体内脏器官病变、粉碎肾结石。还可用来清洗机械、仪器零件等。

19世纪时，德国科学家克拉尼通过实验得出：2万赫是人耳所能听到的声波的上限。后来人们就把这种超过2万赫的人耳不能听到的声波叫做超声波。

超声波有两个很重要的特性：第一是它的定向性。由于超声波的频率很高，所以波长很短，因此它可以像光那样沿直线传播，而不像那些波长较长的声波会绕过物体前进。超声波碰到障碍物就会反射回来，通过接收和分析反射波，就可以测定障碍物的方向和距离。在自然界里，蝙蝠就是用口器发出超声波，用耳朵接收反射波来辨别障碍物的，因此它在漆黑的岩洞里能够飞翔自如，还能准确无误地捕捉到小飞虫呢！

超声波的第二个特点是它在水里能传播很远的距离。在空气中，3万赫的超声波前进24米，强度就减弱过半；而在水里，它前进44千米强度才减弱一半，是空气中传播距离的1800倍左右。由于光和其他电磁波在水里步履维艰，走不了多远，因此超声波便成了探测水中物体的首选工具了。

第一次世界大战的时候，德国潜水艇凭借浩瀚的海洋做掩护，频频袭击英国和法国的巡洋舰。此时，法国科学家朗之万心急如焚，他经过苦心钻研，发明了一种叫声呐的仪器。声呐由超声波发生器和接收器两部分组成。发声器主动发出超声波，接收器接收并测量各种回声，通过计算发出和收到信号的时间间隔来发现各种目标。精密的主动声呐不仅能够确定目标的位置、形状，甚至还能分析出敌潜艇的许多性能呢。

在和平的年代里，声呐还被用来探测鱼群、测定暗礁、港口导航等。用现代的侧扫声呐来考察海底的情况，它能清晰地把海底地貌描绘到图纸上，画出精确的"地貌声图"，误差不超过20厘米。

同样的道理，把超声波送入人体，产生的反射波经过电子设备的处理，会在荧光屏上显示出清晰的图像，把人体内脏的大小、位置、彼此间的关系和生理状况反映得清清楚楚。大家熟悉的医院里常做的B超检查，就是用B型超声波来检查肝、胆、胰以及子宫、盆腔、卵巢等重要内脏器官，及时发现其中的结石、肿瘤等病变。利用超声波，医生还能对怀孕妇女腹中的胎儿进行检查。

超声波检测的原理应用到工程上，就是超声探伤。只要向工件发射一束超声波，遇到工件内隐藏的裂纹、砂眼、气泡等，超声波就会发生不正常的反射波，再小的缺陷也逃不过它的检测。超声波成了工程师明亮的"眼睛"。

超声技术

自 19 世纪末到 20 世纪初，在物理学上发现了压电效应与反压电效应之后，人们解决了利用电子学技术产生超声波的办法，从此迅速揭开了发展与推广超声技术的历史篇章。

1922 年，德国出现了首例超声波治疗的发明专利。40 年代末期超声治疗在欧美兴起，1949 年召开的第一次国际医学超声波学术会议上，才有了超声治疗方面的论文交流，为超声治疗学的发展奠定了基础。1956 年第二届国际超声医学学术会议上已有许多论文发表，超声治疗进入了实用成熟阶段。

国内在超声治疗领域起步稍晚，1950 年首先在北京开始用 800KHz 频率的超声治疗机治疗多种疾病，至 50 年代开始逐步推广，并有了国产仪器。到了 70 年代有了各型国产超声治疗仪，超声疗法普及到全国各大型医院。

蝙蝠飞行之谜

夏天的傍晚，成群的蝙蝠在黑暗中飞来飞去。它们时而高，时而低，灵巧地追逐着空中的飞虫，却从来不会撞到房屋、石柱甚至一根树枝上。

蝙蝠高超的飞行本领，引起了 18 世纪意大利科学家斯勃拉采尼的兴趣。他决心通过试验，揭开蝙蝠飞行的秘密。起初，斯勃拉采尼认为蝙蝠一定是有一双明锐的眼睛，使它在漆黑的夜空中也能看清东西。可是，当他把蝙蝠的眼睛弄瞎以后，发现蝙蝠照飞不误，仍能准确地捕食小虫和躲开障碍物。以后，他又把蝙蝠的鼻子封住，割掉它的舌头，甚至在蝙蝠身上涂上厚厚的漆，然而这一切做法都没有影响蝙蝠的正常飞行。最后，他设法紧紧堵住蝙蝠的耳朵，结果蝙蝠"失态"了，只见它东冲西撞，到处碰壁，连小虫也捉不住了。这时，斯勃拉采尼恍然大悟，原来蝙蝠是靠灵敏的耳朵探路的。但是，靠耳朵的听觉怎么能帮助蝙蝠寻觅食物和发现障碍物呢？这个问题斯勃拉采尼到死也没有弄明白。

200 多年后，也就是到了 20 世纪 50 年代，由于超声理论和技术的出现，蝙蝠飞行之谜，才最终找到了答案。

超声也是一种声波，不过由于它的频率在 2 万赫以上，超出了人的听觉范围，所以人耳听不到它。也就是说，超声是一种听不见的声音。超声同普通声波的区别就在于它的频率很高，也正是由于这一点，使它具有了与普通声波不同的

利用超声波飞行的蝙蝠

特性。普通声波的传播是没有方向性的，锣声一响，四面八方都可以听到。即使遇到障碍物，只要它不是很大，也可以绕过去，继续向各个方向传播。而超声则不同，由于它的频率很高，波长很短，它可以像一束光线一样，朝着一定的方向传播。如果传播中遇到障碍物，哪怕是很小的障碍物，它也会被反射回来。这是超声的一个重要特点。

人们通过电子仪器观测发现，蝙蝠飞行时它的口中可以发出几万赫的超声。这种超声信号碰到昆虫或障碍物时被反射回来，被它的两只大耳朵接收到，传送到神经中枢，便可以判断出目标的性质及其距离。是昆虫，就去捕食，是障碍物，设法躲开。蝙蝠飞行的秘密就在于此。

科学家进一步地研究还发现，蝙蝠"超声定位"的本领是相当惊人的。例如，它在黑夜里平均每分钟能捕获 10 个蚊虫，并且能避开直径 0.5 毫米的电线；特别奇妙的是，它在密不透光的山洞中，并不受大风大雨的声音和其他蝙蝠的声音干扰，在外界噪声比信号强 2000 倍的情况下，也辨别得出从蚊

虫身上返回来的回声。这一点，连现代最先进的无线电定位装置，也望尘莫及。目前，科学家正模仿蝙蝠的定位系统，研制一种新的雷达抗干扰装置。这种装置一旦研制成功，它必将在国防侦察和天文、气象观测中发挥巨大的作用。

静夜并不静

秋后的夜晚，凉风习习，清爽宜人。劳累一天的人们，从地里回家休息了；奔波一天的鸟儿，疲倦宿巢了。空荡荡的田野里，除草丛中的秋虫在低声吟唱外，四下里静悄悄的，显得格外的沉寂、宁静。

夜晚真的是十分寂静吗？不是。有人趁黑夜带着灵敏的超声接收器，来到偏僻的荒野里，发现这里可"热闹"啦。他"听到"自然界的许多小动物，有的在引吭高歌，有的在谈情说爱，有的在嬉闹斗殴，有的在窃窃私语……原来这里也是一个"喧闹"的世界，多少生命在用人耳听不见的声音和"语言"，编织着欢腾、活跃的生活。

很早科学家就发现，一些昆虫能够发出人耳听不见的超声。螽（zhōng）斯是人们最早发现的一种会发超声的昆虫。这种昆虫身上有一种特殊的发声器，它能连续不断地发出可听声和 11 万赫的超声来。蜜蜂也是一种能发超声的昆虫，它除了能发出几百赫的嗡嗡叫声外，还能发出 2 万到 2.2 万赫的超声。蜜蜂没有单独的发声器官，它的声音是靠翅膀摩擦发出来的。此外，蟋蟀、蚱蜢、纺织娘等昆虫也都能发出不同频率的超声来。

有趣的是：像老鼠这样大一点的动物，也能发超声。老鼠斗殴时，它的尖叫声中就混有 2.4 万赫的超声。据研究，老鼠能发出和听到的超声的最高频率达 10 万赫。

有的昆虫虽然自身不能发出超声，但却能听到外来的超声。夜蛾便是一例。夜蛾是危害棉花、玉米和果树的一种害虫，它在肚皮上长着两只特殊的"耳朵"——鼓膜器，能够听到 20 万赫的超声。夜蛾的天敌是蝙蝠，当蝙蝠在它附近出现时，它就是凭着两只"耳朵"收听到蝙蝠发出的超声信号，及时躲避开蝙蝠的袭击的。夜蛾的"耳朵"非常灵敏，它能在充满噪声的情况下，分辨出蝙蝠发出的、几乎是觉察不到的声音。其灵敏程度，比目前世界上最好的微音器还高明得多。除夜蛾之外，黄蜂、蚊蝇、蟑螂等昆虫都可以接收 5 万 ~6 万赫的超声。

人类通过研究某些昆虫的超声"语言"，找到了一条防治害虫的途径。例如，有人在棉田和果园里安装上一种特殊装置，将模拟蝙蝠的超声播放出去，结果夜蛾等一些害虫慌忙逃窜，从而使作物产量提高了 20% 以上。又如，印度学者塞克萨纳，通过播送一种超声干扰信号，割断雌雄棉叶蝉之间的通讯联系，使这种害虫减少交配的机会，从而达到了限制其繁殖的目的。

另外，人们还根据老鼠能发出和接收超声的特性，研制出了一种"超声驱鼠器"，它能产生频率为 2 万赫、强度为 120 分贝的超声。当老鼠和其他鼠类听到这种超声后，就会产生恐惧、食欲不振等反应，长时间作用可损坏其生殖器官和肾功能。试验表明，一座 200 平方米的仓库安装一台这样的装置，工作 1 周，就可把仓库中的老鼠驱杀干净。

海豚的超声导航系统

100 多年前，一艘名叫勃利尼耳的渔轮在新西兰海面上迷航，不幸误入了可怕的暗礁群中。船上的人们惊恐万状，一筹莫展。正在这十分危急的时刻，一只灰蓝色的海豚突然出现在船头。只见它摇头晃脑，并绕船身不停地转来转去，似乎有"助人一臂之力"之意。处在绝望中的人们，顿时心中升起了一线希望，他们

海 豚

决定让船只跟在这只海豚后面，绕出暗礁群。果然不出所料，船只顺利地通过了这段危险的地段，走上了安全的航道。

海豚是一种"神秘"的海洋动物，多少世纪以来，在海员和渔民中就流传着许多海豚领航或救人的动人故事。那么，海豚到底是种什么动物？它在

海洋中又是怎样运动的呢？科学家对此进行了深入的研究。

海豚外形像鱼，但却是一种哺乳动物，属鲸类家族中的成员。海豚的头脑发达，如果按脑重占体重的百分比来衡量动物智慧程度的话，它的智力仅次于人，比猩猩、猴子还聪明。有人试验，一种猴子需要经过几百次训练才学会的本领，海豚大约只要 20 次就掌握了。

海豚的视觉很弱，而且没有嗅觉器官，它在海洋中生活和运动，完全靠的是声音的发射和接收。海豚有一个理想的声音发射器官，这就是位于头部的一个具有瓣膜的气囊系统。当海豚浮出水面呼吸时，瓣膜打开，空气进入气囊之中。需要发声时，瓣膜关闭，用力挤压气囊，使里面的空气冲出，气流擦过瓣膜边缘使之振动，便会发出声音来。海豚的头部有一个脂肪瘤，很像聚光用的透镜，它能把声音聚焦成束，像光线一样把声音发射出去。海豚能发出两种不同的声音：一种是吱吱声或嗯哨声，这是与同类联系或交换信息的信号；另一种是一连串快速的弹拨声，这是用来发现和识别目标的。海豚发出的声音频率非常宽，大约在 20 万～30 万赫之间。不过用来搜索捕猎物和发现障碍物的声音，主要是高频声，特别是超声。

海豚的头部与下颚分别是超声波的发射与接收部位

海豚也有接收声音的"耳朵"，这就是它的下颚。海豚的下颚与陆上的哺乳动物不同，其骨腔内充满一种脂性物质，由下颚一直伸展到内耳的听觉器官，这种结构能起到增强和传导声波的作用。

海豚在海洋中运动时，每秒钟从气囊中发出 1～800 个超声脉冲来。当脉冲信号碰到目标后，反射回来并被"耳朵"所接收。根据回声的情况的不同，海豚就能判断出目标的性质、距离、形状和大小。这就是海豚一套完善的超声导航系统。

海豚的超声导航能力是惊人的。人们把海豚的双眼蒙住，拿一条真鱼和一条同样形状和大小的塑料"鱼"，相隔一定的距离放入池中，并且不时交换，结果发现它总是游向真鱼，而对假鱼不屑一顾。海豚在海洋中能轻而易举地探测到几千米之外的鱼群，同时能避开近在咫尺只有头发般粗的导线。

人们从海豚的超声导航的研究中受到很大地启迪。长期以来，人类对深不可测的海洋知之甚少。原因是海水对光和无线电波吸收得很厉害。因此，通过光直接来观察海洋是不可能的，用各种无线电设备探测海洋也宣告无效。直到 20 世纪出现了超声侦察装置后，人们才真正有可能来研究海洋，了解海洋。超声侦察装置的工作原理和海豚的超声导航系统差不多，主要工作部分都是一个超声发射器和一个回声接收器。但直到今天，人们研制的超声侦察装置的性能，包括它的灵敏度、作用距离、可靠性以及抗干扰能力，都无法同海豚的超声导航系统相比。所以，进一步深入研究海豚的超声导航系统，将有助于改进人类现有的超声侦察装置的结构，提高其工作性能和工作效果。

超声发生器与换能器

观看马戏团的动物表演，最吸引人的莫过于"小狗算算术"了。在一个大黑板上，驯兽员写上一个算式，不管是加减还是乘除，只要答案不超过 10，小狗都能用叫声给出正确的答案，令观众感叹不已。不知内情的人，以为小狗真的会算算术，其实大谬不然。这里面有个小小的秘密。

原来，狗有两只特殊灵敏的耳朵。它除了可以听见"可听声"外，还能听见 3.8 万赫的超声。据此，驯兽员利用暗藏的小型超声发生器，只要发出某一超声信号，经过训练的小狗，就能按照信号发出一定数目的叫声来。由于观众无法听见这种超声信号，所以就感到十分惊奇了。

超声发生器是人工产生超声的装置。最早的超声发生器是由英国人伽尔顿在 1883 年发明的。因它工作原理类似体育裁判使用的哨笛，所以叫"伽尔顿哨"。吹哨笛时，快速的气流冲击哨笛内腔的尖形边缘，便会发出声音来。哨笛的内腔越小，发出的声音频率越高。如果哨笛的内腔小到一定程度，发出的声音就会成为超声。伽尔顿哨就是根据这个原理制成的。伽尔顿哨用来产生超声的气流可以靠嘴去吹，也可以用空气压缩机产生的压缩空气。伽尔顿哨的功率很低，最早用来驯狗，现在多用在洗涤机之类的小型机械上，做清洁物体上污点之用。

为了获得较大功率的超声，20世纪以来，人们又在极力寻找产生超声的新的途径。在这时候，人们想起了扬声器。无论收音机、扩音机还是录音机，工作时它的扬声器都有声音传来，这声音是由电子放大器放大的电流转化来的。如果把普通的扬声器在结构上做一些改变，不是可以让它产生出超声来吗？实践的结果表明，这条路是可行的。不过，利用扬声器作超声发生器，产生的超声频率只有3万~5万赫，频率再增加，它的工作效率就会显著降低，因此实用价值不大。

但是，用扬声器来产生超声，给了人们一个启示：可以把电流转化为超声。问题是要获得频率高、功率大的超声，必须要找到合适的电声转换器件，也就是"换能器"才行。经过广大科技人员多年不断地研究，现在世界上已经出现了两种应用广泛的"换能器"：电致伸缩换能器和磁致伸缩换能器。

电致伸缩换能器，是利用所谓的"逆压电效应"的原理制成的。很早人们发现，石英一类的晶体薄片，如果在它的两面施加作用力，它就会发生变形，同时两面产生不同的电荷：施加压力，晶片伸长而变薄，上面产生正电荷，下面产生负电荷。施加拉力，晶片缩短、变厚，上面产生负电荷，下面产生正电荷。这种现象就叫压电效应。如果反过来，通过电源在晶片上下两面加上不同的电荷，它就会变厚或变薄，这就是逆压电效应，或叫电致伸缩现象。根据电致伸缩现象，把电流方向不断变化的交流电，加在石英晶片上，晶片就会忽而变厚忽而变薄地振动起来。只要交流电的频率高于2万赫，晶片就能产生超声出来。利用电致伸缩换能器，可以产生几百万赫高功率的超声。

1842年，英国科学家焦耳发现，把镍棒或铁棒放在磁场里，它的长度会发生变化，这就是磁致伸缩现象。根据磁致伸缩现象制成的"磁致伸缩换能器"，外形和结构跟普通的变压器差不多。不过它的"铁芯"是由铁镍合金薄片组成的，外面绕以线圈。当线圈中通上高频率的交流电时，交流电产生的交变磁场便会使"铁芯"一伸一缩地振动起来，从而产生出超声来。

有趣的是，利用电致伸缩和磁致伸缩现象，人们还制成了"超声接收器"。不过它的工作原理恰好同超声发生器的工作原理相反，它是把接收到的超声信号，通过晶片或镍棒的振动产生出高频电流。这种高频电流经电子放大器放大后，可以用仪器显示出来。根据仪器的显示，很容易知道接收到的超声的频率和强度，并且还能判断出超声传来的方位和距离。

超声波洁牙术

超声波洁牙术就是通过超声波的高频震荡作用，去除牙齿上的牙结石、烟渍和茶斑，可以防止牙龈出血或者牙齿松动的情况，帮助治疗牙周炎等口腔疾病，而且对牙面的损害非常小。

超声波洗牙禁用于置有心脏起搏器，血液病如急性白血病、再生障碍性贫血，艾滋病的患者。

洗牙后一般不影响进食，但由于牙齿结构的原因即牙颈部的牙骨质很薄，有些人洗牙后会出现敏感症状。这种过敏的疼痛是激发性的，持续时间短，刺激去除后疼痛即消失，一般不需采取特殊处理，多在2周到1个月可以逐渐消失。洗牙后主要做的就是自我的口腔卫生维护，如采用正确的方法刷牙，使用牙线、牙间刷等，以控制菌斑的形成。

盲人的"眼睛"

一个人失去眼睛，其痛苦是可以想见的。他不仅看不到五彩缤纷的世界，而且连上街走路也十分不便。平常我们看到盲人在街上总是用根拐棍试探着走路，通过聚精会神地倾听各种声响来了解周围环境的情况，以便绕开障碍而安全行走，步履甚是艰难。那么，有没有办法让盲人扔掉拐棍，像正常人那样大模大样地在马路上行走呢？人们从蝙蝠、海豚一类动物运动的研究中，看到了解决这个问题的希望。

蝙蝠和海豚的视力都很弱，但它们却能在黑暗的环境中自由地捕食和避开障碍物。这里面的奥秘就在于，它们不是靠眼睛，而是靠耳朵来"看"东西的。盲人是不是也能依靠耳朵"看"东西呢？有人做了这样一个试验：把受试者的眼睛蒙上，坐在一个十分安静的屋子里。手里拿着一个声波发生器，不断向周围物体发出一个个的声脉冲，然后仔细倾听反射回来的声音。结果，经过几次训练后，他便能从听取的回声中，大致知道室内物体的方位和距离。这个试验表明，只要有一套类似蝙蝠、海豚那样的回声定位装置，经过训练的盲人，是完全可以靠听声音来"看"东西的。

各种超声发生器和超声接收器的不断出现，为人们研制盲人探路装置创造了条件。最早出现的盲人探路装置叫"障碍物感应发声器"，它由 1 个超声发射器和 2 个超声接收器组成。整套装置挂在盲人胸前，接收器并与戴在盲人头上的耳机相连。发射器可以发射出 6 万 ~ 8 万赫的超声脉冲，从障碍物反射回来的回声，被接收器接收后，经过处理最终变为耳机中的可听声。障碍物的距离不同，耳机中声音的音调就不同，盲人据此可以判断离开障碍物的远近。另外，障碍物在盲人的左侧还是右侧，两个耳机中的声音音调略有差异，经仔细辨听后，盲人还可以确定障碍物的方位。

近年来，随着微电子技术的发展，还出现了一种更为精巧的"超声导盲器"，有人也把它叫做"盲人探路眼镜"。这种眼镜看上去同普通墨镜差不多，所不同的是，在眼镜鼻梁架的上方装着一个微型超声波发射器，左右两边各有一个盘状的接收器，两条镜腿上还有两只蜂鸣式耳机，跟接收器相连。发射器可以发射 4 万赫的超声脉冲信号。发现障碍物后，反射回来的回声经接收器中的电子线路转换成可听声由耳机传出，盲人根据回声的音调来判断障碍物的距离和方位。这种探路眼镜的有效作用距离分 1.5 米和 4 米两档，人多的地方使用近档，人少的地方使用远档。在作用距离内，只要有一个物体出现，就会产生连续的叫声，物体越近，声音越急促，音调也越高。利用这种探路眼镜，盲人能从十几辆自行车构成的包围圈中找到缺口走出去，有的还能上下台阶，在室内还能找到桌上的保温瓶、茶杯等物。

超声探路装置的发明，无疑赋予了盲人一双"眼睛"，给他们的生活带来了许多的方便。不过由于目前技术水平所限，这种装置还有许多不完善的地方。随着今后电子计算机等技术的发展，用更先进的科学技术帮助盲人独立行动的前景，还是十分乐观的。

"千里眼"声呐

你看过电影《冰海沉船》吗？电影再现了1912年英国大商船在赴美途中与冰山相撞的悲剧。巨大的冰山，大部分淹没在海面以下，值班水手看到海面上的冰山时，已经无法躲避了。茫茫大海，哪里有暗礁，哪里有冰山，这是航海家最关心的。能不能找个水下"千里眼"呢？

真正的水下"千里眼"是在第二次世界大战期间制成和使用的，它的名字叫"声呐"。

声呐是出色的水下"千里眼"，它利用超声波和声波在水中的特性，帮助人们看清了水中的许多秘密。由简单"水听器"演变出来的被动声呐，可以默默无闻地在水下偷"看"潜艇、鱼群，根据目标发出的噪声，可以判断目标的位置和某些特性。实际用得更多的是主动声呐，是由简单的回声探测仪演变而来的，它能主动地发射超声波，仔细地收测各种回波，运用计算机计算发射与回收讯号的时间差，从而确定目标的位置、形状，甚至可以判断潜艇的性能。

声呐在水中显示了出色的本领。光波和无线电波在水下会遇到许多麻烦，水有吸收电磁波的特性，光波在海里走上100米就会衰减掉99%。惟有声波在大海里跑得最远，衰减得最慢。要看那龙宫之谜，雷达只能望洋兴叹，声呐才是真正的水下"千里眼"。

现代侧扫声呐能使我们看清海底地貌，清晰地把海底表面的情况在纸上画出来，连20厘米的高度差都能辨别，赛过了火眼金睛。

声呐这个"千里眼"，不但能让我们看到水中的秘密，还能帮助我们看到工件内部有没有损伤。工程师利用超声探伤仪向工件发射超声波，超声波遇到裂纹或缺陷就会发生反射，利用精密的仪器收测回波，就能判断出藏在工件内部的缺陷。这就是现代工业上的超声探伤技术，它广泛地应用于焊缝、铸锻件、各种型材和各种机器零件的检测工作上，帮助人们发现了许多隐患。

能不能让超声波帮助医生看到人体内部的隐患呢？1942年，一位医师首先报道了他利用超声检测仪诊断颅脑的情况，后来，有许多人从事此项研究。

人们发现，人体各部分都是声波的介质，在各种组织中，声速各不相同。

在脂肪中，平均声速为 1450 米/秒，在肝中为 1549 米/秒，在头盖骨里为 4084 米/秒。超声波经过人体各种组织的传播，能量衰减的情况也大不相同。超声波在传播中，遇到各种变化了的部位就会发生反射。这些都为医生们提供了人体内部的信息。在医学家和物理学家共同努力下，一门新兴的学科——超声医学已经诞生了。

1980 年，中国科学院声学研究所制成了一种超声图像诊断仪，医生们利用这台仪器从荧光屏上长时间地观察了人体器官的活动情况，并且进行了照相和录像。

超声医学不但研究利用超声诊断疾病，还在研究利用超声治疗疾病，它是一门大有作为的学科。

神奇的超声探测仪

几年前，在美国发生了一件特大黄金伪造案，轰动了整个金融界。一天，纽约一家金银饰品公司从银行金库里购来一批金块进行熔化，突然发现这批货是假的，因为在熔化的金黄色液态金子的表层，浮起了大量灰黑色的液态金属。按说，伪造黄金是件不容易的事。因为，首先它有着特有的闪亮的金属光泽，明眼人一眼就可分辨出真伪。其次，黄金的比重为 19.3，如果往里面掺入其他金属，其比重就会变化，用比重测量仪器也很容易检查出来。那么，这批"金块"作案者又是怎样伪造出来的呢？后来经过专家们鉴定分析，才把这一谜团解开。原来，这些假金块的芯子，是经过处理的金属钨，它的比重几乎与黄金相同，外面又裹上了一层薄薄的真金，叫人真假难辨，因此瞒过了收购人员的眼睛。

为了及早侦破此案，捉拿罪犯，警方认为应尽快找到一种无损识别这种假金块的新方法。于是，他们将这一任务交给了一位见多识广的技术专家。开始这位专家也感到此事十分棘手，后来一次他到医院看病，医生对他做超声检查启发了他：超声既然可以隔着肚皮窥探体内器官，何不用它来透视一下假金块的"肚内货色"呢？为此，他特意找来一台专门用来检测材料的超声探测仪，对真假金块一一进行识别试验。结果，奇迹出现了，在探测仪探头锐利的"目光"下，假金块原形毕露，无一漏网。根据这位专家的建议，警方为每一黄金收购处配置了一台超声探测仪。不久，依靠这种仪器在收购处当场查获了一个出卖假金块的案犯，一举破获了一帮伪造金块的犯罪团伙。

听了上面的故事，你一定会问：超声为什么这么神通广大，能识别真假金块呢？其实这里面的道理很简单。大家知道，超声有很强的穿透本领，它能在金属中像光线一样沿着直线传播。如果在传播过程中遇到另外一种物质（别的金属或空气层），它就会在两种物质的分界面上发生反射而产生回波。超声探测仪探头上，有超声发射器和接收器，分别负责超声的发射和回波的接收。把探头紧压在金块的一个表面上，每隔一定时间向金块内部发射一束超声信号。如果是真金块，探测仪的显示屏上就会出现一前一后两个尖峰，即发射波和底面回波。如果"金块"是金皮包着钨芯的假货，那么"金块"里面又多了两个分界面，这样显示屏上在发射波和底面回波中间，就会多出两个尖峰。根据这两个尖峰在显示屏上的距离，还可推算出钨芯的厚度和包金的厚度。超声探测仪就是这样凭着它那"火眼金睛"巧破黄金案的。

用来检测金属材料的超声探测仪，是1942年美国科学家费尔斯顿发明的，它主要是用来探测材料内部缺陷的，因此又叫超声探伤仪。许多金属制件，像钢梁、锅炉、齿轮、转轴等，因铸造、加工、焊接等方面原因，内部往往出现气泡、砂眼、裂缝等缺陷。如果不及早把它们检测出来，轻则影响使用寿命，重则要造成重大事故。但缺陷在材料内部，从外表是根本无法发现它们的。最早是用 X 射线或者 γ 射线方法，来探测这些缺陷，但 X 射线穿透力较差，它最多只能穿过30厘米的金属层，因此不能检测大型机件；γ 射线只能发现大的缺陷，对于小于4毫米的缺陷就无能为力了；而利用超声来对材料"探伤"，效果就不一样了。超声能穿透几十米的金属层，能发现极小的砂眼和极细的裂缝，而且设备轻巧，使用方便迅速。现在有一种超声钢轨探伤列车，上面装有超声探伤仪。列车一面行驶，它就可以一边探查钢轨有无裂纹，每小时探查的钢轨达30～40千米。近半个世纪以来，运载火箭、宇宙飞船、人造卫星、航天飞机等现代化的航天工具陆续出现，它们在上天之前，都要进行一番认真"体检"的。而担负"体检"任务的"医生"，就是超声探测仪。

超声显像诊断技术

一天，一位孕妇来到医院，要求医生为她检查一下胎儿发育情况。医生把孕妇领进一间昏暗的屋里，让她平躺在床上，并在腹部涂抹上一层液蜡。然后拿着一个棒状的探头，在液蜡涂过的地方慢慢移动着。这时只见与探头相连接的一台仪器的荧光屏上，立即出现了一幅清晰的胎儿的图像，并且还看见胎儿的头在动呢！这位医生用来为孕妇查体用的仪器，就是超声诊断仪。

自从 1895 年，德国科学家伦琴发现 X 射线并应用到医学临床上以后，人类开始掌握了应用图像显示来诊断疾病的方法。不过，由于用普通 X 射线检查得到的人体器官图像还不够清晰，再加上 X 线对人体有一定的伤害，不适合做某些方面的检查（如诊断胎位、检查脑病等），因此人们在应用 X 线显像方法诊断疾病的同时，又努力寻找更加准确可靠和安全无害的新的显像诊断方法。

用超声对金属制件进行无损探伤研究的成功，给了人们很大的启示：是否也能用超声对人体进行"探伤"并把它显示成像呢？1942 年，德国医生杜西莱首先报道了他利用超声探测仪诊断颅脑的情况，此后有关超声显像诊断的研究工作，便如雨后春笋般地开展起来，并不断出现了许多新技术和新设备。

最早出现的超声诊断仪器，叫 A 型超声诊断仪，它的工作原理同工业上用的超声无损探伤仪差不多。它的主要工作部分是一个换能器（探头）和示波器。由换能器发射的超声脉冲信号和从人体内两种脏器界面反射回来的回声脉冲信号，可以在示波器屏幕上用波形显示出来。如果在脏器上有病变组织（如肿瘤、血块等），它也会产生回声信号，并用特殊的波形显示在示波器屏幕上。医生通过观察和分析示波器上的波形图，便可判断出脏器上有无病灶和病灶的大小。

用 A 型超声诊断仪作人体透视，在屏幕上只能出现波形图，而不能显示图像。为了得到"声像图"，以后又出现了 B 型超声诊断仪。B 型超声诊断仪的探头，是一种电致伸缩换能器，它由数十块小晶体片组成，它们紧紧排成一行，在电子开关的控制下，依次轮流向人体内发射超声脉冲信号。由于人体各脏器组织的密度不同，超声在其中传播情况也就有所不同，因此从各处反射回来的回声信号也就有强有弱。这些强弱不同的回声脉冲信号，送至显像管变成屏幕上一个个亮度不一的光点，这许许多多光点组合起来，便形成了一幅脏器断面图像。

由于有了 B 型超声诊断仪，医生不仅能直接观察脏器及其上面的病灶，而且还能看到脏器的活动画面。

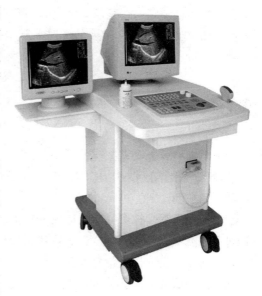

B 型超声检测仪

不过，上面讲的 B 型超声诊断仪，显示的还只是脏器的一幅单色的断面图像。现在人们已经把超声显像设备同电子计算机结合起来，制成了能够显示彩色断面图像和彩色立体图像的新型超声诊断仪，进一步提高了超声诊断的准确率和速度。

把超声多普勒探测技术和超声显像诊断技术结合起来，制成的超声多普勒成像仪，是另一类新型的超声显像设备。超声多普勒技术，是根据多普勒效应发展起来的一种测量血流速度和心率的技术，它在诊断心血管疾病方面有很重要的作用。但一般的超声多普勒技术，只能给出流速曲线图，却不能让医生清晰地掌握血管阻塞和狭窄的部位。超声多普勒成像仪的出现，成功地解决了这一难题。目前利用该设备，已能"看见"直径只有 1 毫米的静脉，能准确地知道通过各个心瓣膜的血液流量。以前要查出某些肝病的病因，需要几个星期复杂的验血或危险的手术。现在利用超声多普勒成像仪，医生能很快知道哪里有阻塞或损伤。然后用针刺入该位置，抽取细胞进行检验，只要几小时，就能查明病因、病的严重程度和范围。

超声显像诊断技术方兴未艾。目前许多科学家仍积极致力于新技术的研

究，一种更为清晰逼真显示人体内脏的超声全息成像设备即将问世。相信在不久的将来，医生观察病人的五脏六腑，会像平日察言观色一样来得简单方便。

高超的超声手术

在莫斯科，有一家医院的外伤门诊所。从 20 世纪 60 年代开始，开展了一项特殊的外科手术——超声"焊接"断骨。他们先后施行手术 600 余例，都取得了成功。

对于因车祸、摔伤等原因造成的骨折，过去一直采取保守疗法：医生先通过手法或牵引使伤骨复位，然后用夹板或石膏把伤肢固定起来，再后就是长时间卧床休息。这种治疗方法不仅康复时间长，而且疗效也不佳，很容易引起伤肢的肌肉萎缩和关节僵硬，有的还因卧床时间长，引起心血管和呼吸器官的并发症。以后，世界各国的医生都改用外科手术来治疗骨折。手术治疗骨折，疗效高，住院时间短，但因手术中要用各种金属物（如无头针、螺丝、钉子、铁丝等）固定碎骨，所以骨头愈合后还需要再为病人做一次手术，将金属物取出，病人痛苦很大。采用超声治疗骨折，在治疗方法和治疗效果上就好出了许多。手术时，医生根本不用开刀，只需将一束超声聚焦于骨折的地方，切开软组织，将断骨"焊接"在一起就行了。"焊接"所形成的聚集物，日后会在机体内逐渐发生改变，慢慢地为病人自身的骨组织所代替。超声手术对机体组织的损害较小，因而也适用于整复术、骨肿瘤或化脓性炎症病灶切除术。此外，在做肢端、大脑和胸腔器官手术时，应用超声可以轻而易举地切断用过去外科手术难以达到的部位的骨组织。

超声手术是通过将超声能量聚焦于人体上的局部，从而对该处活组织产生巨大的破坏力来实现的。早在 1952 年，美国阿尔斯兰教授首先利用超声治疗美尼尔氏耳性眩晕症，并获得了成功。以后人们又开展了超声治疗帕金森氏综合征的研究，也取得了积极地进展。近年来，各国广泛应用强超声来粉碎体内结石（肾结石、膀胱结石等），效果很好。此外，牙科医生用超声在牙齿上打洞、清除牙结石、治疗牙龈炎和牙周炎等疾病，也已在世界各国普遍展开。

利用超声除了可以开展外科手术外，还可以用来治疗其他一些疾病。很早人们就发现，强度不大的超声，对人体的组织细胞和神经系统可以起到细微的按摩作用，因此可以用它来治疗神经痛、肌肉损伤和各种炎症。在眼科，超声对视网膜的按摩作用，可以使伸张的眼球逐渐松弛，从而达到治疗近视眼的目的。有报道，利用超声对早期近视眼的治愈率达80%。另外，由于超声的振动频率很高，因此当它穿过人体组织时必然引起组织细胞边界面的摩擦而产生热。这种热会使血管扩张，血液循环加速。同时超声也能提高细胞膜的通透性，促使组织的新陈代谢和再生能力增强。利用超声的这一功能，我国医务人员治疗由早期脑血管破坏造成的意外偏瘫，取得了良好效果。现在国外科学家正在研究如何把传感器送进心脏，以便利用超声来疏浚阻塞或已变厚的动脉血管。目前这项技术已在腿部试验成功，估计在 3～5 年内可全部完成。如果这项治疗技术取得成功，那么，对人类生命有着巨大威胁的冠心病，可望得到根治。

超声波美容

超声波美容仪利用超声波的三大作用，在人体面部进行治疗，以达到美容目的。

机械作用：超声波功率强，作用于面部可以使皮肤细胞随之振动，产生微细的按摩作用，改善局部血液和淋巴液的循环，增强细胞的通透性，提高组织的新陈代谢和再生能力，软化组织，刺激神经系统及细胞功能，使皮肤富有光泽和弹性。

温热作用：通过超声波的温热作用，可以提高皮肤表面的温度，使血液循环加速，增加皮肤细胞的养分，使神经兴奋性降低，起到镇痛的作用，使痉挛的肌纤维松弛。

化学作用：超声波可以加强催化能力，加速皮肤细胞的新陈代谢，使组织 pH 值向碱性方向变化，减轻皮肤炎症伴有的酸中毒及疼痛。超声波可以提高细胞膜的通透性，使营养素和药物解聚，利于皮肤吸收营养，利于药物透入菌体，提高杀菌能力。

超声使油水相融

俗话说："水乳相融，油水分离。"自古以来人们一直认为，油和水是天生的冤家对头，它们永远不能融合在一起。但是，20世纪初科学家的一个实验，却改变了人们的这种看法。1927年，美国科学家卢米斯和符德，在实验室里把油和水倒入一个杯中，然后通入一定强度的超声。不消片刻，浮在水面上的油层不见了，而杯里的水也变成了乳浊液，即使静置很久，也是这个样子。这说明油水已经交融在一起了。

超声为什么有这么大的神力，能把油和水融合在一起呢？原来这是它的"空化"作用所显示的威力。

大家知道，超声是一种机械振动，在它通过液体时，就会把这种振动传递给液体。因此，在超声作用下，液体就一会儿受压变密，一会儿又受拉变疏。由于液体有一种怕拉不怕压的特性，在受拉时，它很容易在强度薄弱的地方发生断裂。这样，在液体中就要产生许许多多的小空泡。这种小空泡存在的时间很短，当液体再一次受压变密时，它就会立即闭合，闭合时产生很强的冲击波，强度达几千甚至几万个大气压。这种现象就叫空化作用。空化作用有很强的破坏力，它所产生的冲击波，能把所经过地方的液体击碎成一连串微滴。因为超声的频率很高，它在每一瞬间都会使液体产生大量的小空泡，又有大量的小空泡破灭。这样在液体中就不断产生着无数多个细微的液滴。如果液体中既有油又有水，细微的油滴和水滴就搅混在一起而无法区分。换句话说，就是油水融合了。

超声促使油水融合，帮助工业生产解决了许多过去无法解决的难题。例如，印刷用的油墨，在印刷材料时，必须加入胡麻油稀释后才能使用。由于胡麻油价格高且使用量大，所以人们一直想用水来代替胡麻油，但苦于没有找到好办法。后来我国某厂的技术人员利用超声技术，却解决了这个"油墨掺水"的问题。他们向油墨中加入50%～60%的水，然后用几万赫的超声处理使其变成一定浓度的油墨，再加入一些表面活性剂，这样形成的油墨放置数月也不会沉淀分离，既降低了生产成本，又提高了印刷质量。又如，近年人们通过试验，利用超声可以制备掺水35%的氢柴油，节能率达25%，而且机车马力增大，运行里程增长，排污量减少。此外，在化学工业和制药工业中，人们利用超声的空化作用，还能像使油水交融一样，把比重不同的两种液体融合在一起，制备出符合需要的溶乳液。

其实，超声不仅能使不同的液体交融在一起，而且还能把固体击碎，使它们均匀地混合起来。这在工业生产上也是有广泛用途的。例如，制作底片涂层用的乳胶，为了提高其感光性能，必须使其中的溴化银颗粒超微精细；在印染工业中，为了保证印染质量，必须使固体染料均匀分布在溶液中；在制药厂里，为了使生产的药品便于人体吸收，必须把不溶性药物研磨得粉碎，等等，这些高难度的工艺，都可以依靠超声来完成。另外，我国的钢铁工人，利用超声把煤粉和重油混合起来，在燃油锅炉中燃烧，实现了以煤代油、节约石油的目的，同时也为超声的应用找到了一条新的途径。

超声为何能清洗精密零件

随着科学技术的发展，精密零件的清洗工作也越来越重要，对于那些形状复杂、多孔多槽的零件，像齿轮、细颈瓶、注射针管、微型轴承、钟表零件等，用人工清洗，既费时又费力。对于一些特别精密的零件，像导弹惯性制导系统中齿轮等部件，不允许沾染一点污垢，用人工清洗又难以达到清洗标准。

如果请超声波帮忙，问题就能迎刃而解。只要把待洗的零件浸到盛有清洗液（如皂水、汽油等）的缸子里，然后再向清洗液里通进超声波，片刻工夫，零件就洗好了。

超声波为什么有这种本领呢？

原来，清洗液在超声波作用下，一会儿受压变密，一会儿受拉变疏，液体可受不了这

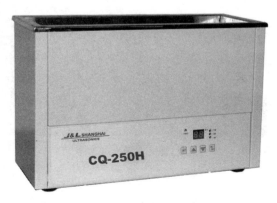

用来清洗精密零件的超声波清洗器

番折腾，在受拉变疏时会发生碎裂，产生许多小空泡。这种小空泡一转眼又会崩溃，同时产生很强的微冲击波。这种现象在物理学上叫空化现象。因为超声波的频率很高，这种小空泡便急速地生而灭、灭而生。它们产生的冲击波就像是许许多多无形的"小刷子"，勤快而起劲地冲刷着零件的每一个角落。因此，污垢很快就被洗掉，绝对令人满意。如洗手表，人工洗要一件件卸下来，功效很低。用超声波洗只要把整块机芯浸到汽油里，通进超声波，几分钟就能洗好。

超声波还可以帮助我们清洗光学镜头、仪表元件、医疗器械、电真空和半导体器件等许多重要的精密零件。

能预报海上风暴的次声

1932 年冬天，前苏联的塔伊梅尔号探险船在北冰洋上航行时，船上的一位气象学家正待释放一只探空气象气球，无意间他的脸贴到气球壁上，顿时耳朵感到一阵疼痛，他立即摔开了手中的气球。凑巧，就在这天夜里，海面上发生了强烈的风暴。

海上风暴能够产生次声

这件事引起了正在船上的舒赖伊金院士的注意。以后他就留心观察，发现每当海上风暴到来之前，气球里就会传出一种低频率的振动，使人的耳膜产生压迫的感觉，风暴越近，这种感觉也就愈明显。后来经过研究证实，气球传出的是一种频率小于 20 赫的听不见的声音——次声。

那么，这种次声是从哪儿来的？它同海上风暴又有什么关系呢？

原来这种次声是从海上远处的风暴中心传过来的。当远处发生风暴时，强大的气流同海浪摩擦，就会有次声产生出来。由于次声在空气中的传播速度跟可听声一样为每秒钟 340 米，而风暴中心的移动速度还不到每秒钟 30 米，因此，次声就成了海上风暴的先行兵，早早把风暴到来的信息传到了远方。当人们接收到这种次声后，就预示着风暴将要来临了。塔伊梅尔号船上的科学家，是无意中通过气球内的气体同次声共振而接收到海上次声的。没想到这一偶然发现，竟成了今天海上作业人员探测次声、预报风暴的一种最简便的方法。

现在，人们已经利用这个道理，制成了自动记录、预测海上风暴的仪器。

某些水生动物对次声波也很敏感。每当海滩上的小虾跳到离海较远的地方去，鱼和水母急忙离开海面，纷纷潜入深深的海底时，有经验的渔民就会知道海上风暴即将来临，迅速地收起渔网，返回渔港。

有意思的是，近来不少科学家认为，多年来令人困惑不解的"鲸集体自杀"事件，很可能与海上风暴产生的这种次声有关。据记载，自 1913 年至今，世界上已知有 1 万多头鲸搁浅自杀，其中不少还是集体自杀的。如 1980 年 6 月 30 日，在澳大利亚新南威尔士北部特里切里海滩，一次就有 58 头巨头鲸集体自杀，其场面十分悲壮。鲸为什么会集体自杀，目前科学界众说纷纭，莫衷一是。物理学家对此作出的解释是：鲸和海豚一样，是靠声呐导航系统在水中生活和运动的。当海上风暴产生的强大的次声作用到鲸上后，将破坏鲸的声呐系统，致使鲸迷失方向，搁浅海滩，这时它就会向同伴发出呼救信号。由于亿万年种群生活使鲸鱼养成了保护同类的本能，一头鲸遇难，其他的鲸就会前去救援，而且只要有一个同伴没有脱险，其他的鲸就不忍离去，这就导致了整个种群集体遇难的悲剧。这种说法是否成立，还有待于今后进一步的科学论证。

另外，最近还有人把神秘莫测的百慕大三角区发生的悲剧，也归咎于海上风暴产生的次声。"百慕大三角区"是指大西洋西部的一片三角形海域，它的三个顶角分别为美国佛罗里达半岛的南端，波多黎各岛和百慕大群岛。自 1872 年以来，已经有几百艘船只、几十架飞机和 1000 多人在此海域莫名其妙地失踪遇难，因此世人称它为"魔鬼三角"。

是谁导演了"魔鬼三角"的悲剧，当然现在有各种各样的说法。其中最新提出的"次声说"认为，百慕大三角区是天气变化极其剧烈的海域，赤道上的热空气与北极的冷空气在这里相遇，常会掀起巨大的海上风暴。猛烈的海暴不

鲸集体自杀的场景

仅造成电磁暴，完全破坏无线电通讯，而且会产生强大的次声。这种次声足以折断舰樯，摧毁舰体，使整个舰船被随之而来的狂风恶浪吞噬海底。而进入风暴中心的飞机，则被卷入到所谓"气坑"或"气穴"之中，由于机体陡然上升或下降数百米，以致造成机毁人亡。此外，百慕大地理环境极其复杂，这里有异常活跃的地震带，有地势险恶的大西洋海沟，又有经常爆发的海底火山，这些也都是强大的次声源。它们产生的次声，也都可能是造成舰艇、飞机失事的重要原因。

总之，海上风暴产生的次声，同海上种种奇异现象有着密切的联系。因此，深入研究这种次声产生的机制和它所起的作用，将有助于人们揭开海洋中许多未知的秘密。

大自然秘密的"泄露者"

在广漠无垠、气象万千的自然界，不仅海上风暴可以产生次声，而且许许多多的自然现象在发生的过程中，也都伴有次声的产生和传播。

1883 年 8 月 27 日，位于印尼苏门答腊岛和爪哇岛之间的克拉卡托火山突然大爆发，巨大的爆炸声传到了 5000 千米之外的印度洋上的罗德里格斯岛。同时，远离火山几万千

火山喷发产生次声波

米地方的观测站的微气压计也都出现了明显的读数偏差，后来证实这是这次火山爆发所产生的次声引起的。这是世界上首次记录到的次声。

1908年6月30日，一颗特大的陨石落在了俄罗斯西伯利亚大森林中并发生了猛烈的爆炸，这就是有名的"通古斯大爆炸"。这次陨石大爆炸不仅发出了震天的巨响，而且也产生了很强的次声，在几万千米外的伦敦都记录到了。

海啸产生次声波

此外，人们通过研究发现，地震海啸、电闪雷鸣、波浪击岸、水中漩涡、晴空湍流、龙卷风、磁暴、极光等一类自然活动中，也都伴有次声产生出来。

各类自然现象中产生的次声，给我们送来了丰富的自然信息。虽然这种次声人们无法用耳朵直接听到它，但是可以利用各种仪器将它接收并记录下来。通过对它所携带信息的分析处理，就有可能使人们深入地认识这些自然现象的特性和规律，并能对某些灾害性事件作出比较科学的预报。

地震是一种经常发生的自然灾害，它是由于地球内部变动引起的地壳震

磁暴产生次声波

动造成的。地震的破坏力很大，因此它给人类带来的灾难是深重的。1976年7月28日，我国唐山发生的里氏7.8级大地震，把一个上百万人口的工业城市，顷刻间变成一片废墟。地震是不可避免的，因而加强地震探测和预报就显得格外重要。目前利用地震仪探测地震，还只能记录该仪器放置点的地面位移量，能不能通过

雷电产生次声波

某种方法测出较大范围内地面的位移量呢？科学家认为，有效地探测地震发生时发出的次声，有可能为地震测报工作提供一种新的方法。

地震产生次声波

强烈地震发生时，沿地球表面传播的地震波会向大气辐射次声。地震波有三种：纵向波、横向波和表面波。这三种地震波激发的次声强度各不相同，其中以表面波产生的次声最强。接收这三种不同的次声，可以从中推算出地震波的垂直幅度、方向和通过时的水平速度，进而就可知道接收地点周围某个范围内，由于受地震影响而发生的地面位移的平均值。

龙卷风产生次声波

龙卷风也是一种破坏力很大的自然灾害，由于它常常来得突然，所以用一般气象预报方法很难对它作出预报。美国南部密西西比河流域是世界著名的陆上龙卷风发生地，在那儿附近人们经常记录到一种频率只有十分之几赫的次声，后来发现这种次声是从龙卷风发生区域传来的。现在人们就利用几个相隔上百千米的次声接收站组成探测网，通过接收次声来探测龙卷风的发生地点，并据此作出预报。用这种方法还可以探测其他的天气现象，并且根据对次声的频率分析，可以鉴别各种气象类型。

极光产生次声波

在地球南北极附近的夜空中，时常会出现一种五色斑斓、景色壮观的光带或光弧，这就是极光。由于极光对远程导弹预警雷达会产生干扰，所以人们一直在注意研究它的活动规律。后来人们发现，极光发生时能发出从千分之几赫到几赫的次声。近年来人们在高纬度地区设置了不少次声接收站，长年累月地接收和分析极

光产生的次声，以便作出极光活动的预报。

　　利用自然界中各种现象产生的次声来探测和揭示自然现象的规律，是摆在人们面前的一个新的课题。随着这项研究工作的不断深入，相信被次声揭开的大自然的秘密，将会越来越多。

地震波

　　地震波是由地震震源发出的在地球介质中传播的弹性波。地球内部存在着地震波速度突变的基干界面、莫霍面和古登堡面，将地球内部分为地壳、地幔和地核三个圈层。

　　地震波按传播方式分为三种类型：纵波、横波和面波。纵波是推进波，地壳中传播速度为5.5～7千米/秒，最先到达震中，又称P波，它使地面发生上下振动，破坏性较弱。横波是剪切波，在地壳中的传播速度为3.2～4.0千米/秒，第二个到达震中，又称S波，它使地面发生前后、左右抖动，破坏性较强。面波又称L波，是由纵波与横波在地表相遇后激发产生的混合波。其波长大、振幅强，只能沿地表面传播，是造成建筑物强烈破坏的主要因素。

动物异常反应与次声

　　1902年4月下旬，位于西印度洋群岛中的马提尼克岛，出现了一种不同寻常的现象。许许多多长年生活在原始森林、荒漠草原或沼泽地边的野生动物，突然成群地离开了繁衍生息的故土，来到了海边甚至人烟密集的地方；大量的鸟儿在树群中飞上飞下，惊叫不已，显得格外地焦躁不安；许多老鼠大白天也纷纷出洞，四处逃窜，好像受到惊吓一样。更令人奇怪的是，那些历年长途跋涉而来，把该岛当做中间休栖地的候鸟，也一反常态，不稍停留，径直飞向目的地。自古以来，人们就把动物表现出来的异常行为，认为是一种不祥之兆。所以当人们发现马提尼克岛动物异常现象后，立即很自然地联想到是不是将有大难降临。事实果然不出所料，就在这以后的半个月，也就是 5 月 8 日那天，岛上轰隆一声巨响，历史上有名的"帕累火山喷发"发生了。

其实，不仅火山爆发前动物出现异常，就是在大地震发生前，人们也经常观察到动物异常反应。据史书记载，我国唐朝一次大地震发生前，就曾出现过"鼠聚朝廷市衢中而鸣"的现象。1815 年，山西平陆县发生地震，县志上就有"牛马仰首，鸡犬声乱"的震前动物异常反应的文字描述。在民间流传的关于震前动物异常现象就更多了，如老鼠出洞、鸡飞上树、牲畜不进厩、鱼跳出水等。据说，1975 年 2 月我国营口地震发生前，尽管天气异常寒冷，冬眠的蟒蛇、青蛙还是纷纷爬出洞来，结果它们一出洞立即就被冻僵了。

另外，在海上风暴到来之前，一些海鸟和海洋动物也常常表现出异常反应。长期生活在海边的老渔民都有这样的经验，如果筑巢在海岸上的鸟类，一大早就飞向大海，则预示傍晚没有强风；若它们徘徊在海岸不肯远离，便是风力不久便要加强的先兆；当大批海鸟急匆匆从海上飞回海岸，浮游在海面上的水母和鱼类也纷纷潜入海底时，则预示着强大的风暴即将来临。

为什么一些自然现象发生前，许多动物会表现出异常反应呢？很多人推测，可能是这些现象事前发出了某种人耳不易觉察的信号，使它们受到惊扰的缘故。但是，这种信号究竟是什么，却一直没有搞清楚。自从发现各种自然现象都能发出人耳听不见的次声之后，人们很自然地把它同动物异常联系起来。有人曾经做试验，证实很多动物具有接收次声波的能力，并且反应十分灵敏。例如，据观测，海中的水母可以"听到" 8 ~ 13 赫的次声，各种鱼类可以听到 1 ~ 25 赫的次声和低频声，而这都在海上风暴产生的次声频率范围之内。很显然，这说明动物异常与猛烈的自然现象发生前辐射的强大的次声有关。

很早人们就知道，利用动物异常可以对某些自然灾害作出预报。在地震多发国的日本，居民家中水缸里都养着一种小白鱼，每当小白鱼在缸中上下翻腾时，便预示着有可能发生地震。在热带地区的渔民的船舱里，都养有一条大蟒蛇，如果蟒蛇昂首蠕动不已，就知道海上风暴即将来临。近年，一些科学家还从某些动物通过接收自然次声来探知一些现象的发生当中受到启发，他们模拟这些动物的听觉器官，制成了自然次声接收器。例如，目前已在舰

船上应用的"水母耳",就是仿照水母的"耳朵"制成的次声探测仪,利用这种仪器可以提前 15 小时对海上风暴作出预报。

次声对人体的影响

1929 年,美国一家剧院的老板,找到著名物理学家罗贝尔特·伍德,请他为剧院设计一个低音喇叭来增强歌剧演出时的音响效果。伍德按照要求,不久就把喇叭造出来了。经试听,声音浑厚,音色优美,老板十分满意。可是这只喇叭安装在舞台上以后,每当打开使用时,伍德就发现台下观众都呈现出一种莫名其妙的烦躁和不安,而喇叭关掉后,观众席上又逐渐恢复了平静和安定。他反复开关几次,情况总是这样。这是怎么回事呢?后来经过仔细研究,他终于找到了答案:原来这只喇叭,除了发出低音外,还发出一定强度的听不见的次声,而这种次声像噪声一样,对人体产生着不良影响。

次声对人体能够产生不良作用,也引起了其他科学家的注意。若干年前,法国科学家加弗罗和他的同事正在实验室里工作,突然都感觉耳朵一阵阵剧烈地疼痛,当时实验室里很安静,并没有什么刺激的声响。他们感到十分奇怪,但又查不清什么原因。以后也总有这样的情况发生。这时,他们根据已有的知识,敏感地意识到,一定是听不见的次声在作怪。但次声源在哪里呢?后来经过寻找,原来是邻居工厂的一架低速旋转的失修电扇。为了证实次声对人体的影响,他们动手制作了一台次声发生器,结果用这台仪器工作 5 分钟后,就会引起令人难以忍受的痛苦。

英国科学家坦佩斯特,从 1964 年起,也开展了次声对人体作用的研究。推动这一研究的起因,是位于"协和"式飞机喷气发动机试验场不远的设计室工作人员,经常出现头晕、恶心等症状。坦佩斯特等人通过调查发现,在试验发动机时,设计室内可以检测到很强的次声。显然,人体出现的病症,是喷气发动机产生的次声引起的。为了深入探讨次声对人体的危害,坦佩斯特领导的科研小组作了大量的试验工作,经过几年的努力,最后查明,频率为 2~10 赫的次声,可以破坏人体的平衡器官,造成耳朵、神经系统和大脑的损伤,从而引起恐惧、头痛、晕眩、恶心、呕吐、眼球上下颤动等症状。

另外,还有一些科学家专门研究了高强度次声对人体的影响。例如,法国科研人员用频率7.5赫、强度为130分贝的强次声，对42个青年进行试验，结果发现所有受试者都出现了心脏收缩和呼吸节律的变化、视听功能减退、精神沮丧和肌肉痉挛等症状。

那么，次声为什么能对人体功能产生损害作用呢？据研究，主要是因为次声频率很低，具有很强的穿透力，因此它能轻易地透过人体。而人的肌肉和内脏器官的固有频率，一般在几赫左右，所以在次声的作用下，很容易发生共振，这样就会使人体肌肉和内脏器官受损。

在人们生活的周围存在着大量的次声源，它们不断地向外辐射出各种频率的次声来。除了各种自然现象外，像鼓风机、搅拌机、打火机、柴油机、洗衣机、各种锅炉以及板的振动、流体的流动、燃烧爆炸、气压变化等，也都能产生次声。这些次声对人体都有一定的影响。例如，住在10层以上高楼的人，刮大风时常有不舒服的感觉；有人乘车坐船时常有晕车晕船的现象；安置在墙内的通风机开动时，坐在近处的人感到十分难受；天气变化时，人们常会产生烦躁情绪等。现在查明这些都是身边的次声引起的。

次声是一种听不见的噪声，它像普通噪声一样，危害着人体的健康。因此，近年来关于次声的防治，已越来越引起人们的关注。防治次声的方法基本上与一般噪声的防治方法相同，也是从声源、传播和接收三个方面入手。有的国家已明确把次声列为公害之一，还规定了最大容许次声级的标准。例如美国，在宇航器发射基地附近，居民短时间暴露的容许最大次声级为120分贝，对宇航员为140分贝。瑞典规定，在工作环境暴露8小时的情况下，频率从2~20赫时，允许最大次声级为110分贝。

杀人于无形的次声武器

在匈牙利有个包拉得里山洞，附近一带风光旖旎，景色宜人，常有游客到此闲度时光。有一天，3个旅行者兴致勃勃地来到这里，并进入山洞游玩。不幸的是，他们突然全部死亡。不是自杀，也不是谋杀，警方一时找不出3人死亡的原因。后来经过科学家们反复调查分析，真相终于大白：原来他们是被"无声杀手"——次声杀害的。这个山洞的入口廊道狭长，活像一个共振腔，而当时天气恶劣，大气压力急剧变化，洞内产生了强力的次声，三个人恰在这时进入山洞，就这样意外地被次声杀害了。

那么，次声何以能杀人？

我们说过，次声对人体健康是有一定影响的。次声的损害作用，主要和它的强度有关。在强度不大时，它只是使人在心理上产生某种不舒适的感觉；强度稍大，就会引起一些生理上的症状，如头痛、晕眩、恶心、胃疼、精神沮丧等；强度再大，则会造成器官和功能的损伤，如耳聋、肌肉痉挛、四肢麻木、语言不清、神经错乱等；如果强度更大，由于器官和次声的共振，将会导致五脏俱裂，引起死亡。科学家早就通过动物实验证实了这一点。实验用的次声源，是一个密闭的柱形大空腔，用一个大功率马达带动活塞，产生强度和频率可以控制的次声。把狗、猴子、狒狒和栗鼠等动物，分别放在空腔内。当空腔内的次声强度达到 172 分贝时，人们发现这些动物呼吸显著困难，几乎出现窒息，不一会儿狗先死去了，栗鼠的耳膜也破碎了。当次声强度增大到 195 分贝时，这些动物全都死亡了。经尸体解剖，发现这些动物的心脏出现了破裂。

既然高强度的次声有如此大的杀伤力，它又具有非凡的穿透本领，那么人们很自然想到，能不能用它来制造新式武器呢？

目前研制的次声波武器主要有两类：一是神经型次声波武器，它的振荡频率同人类大脑的阿尔法节律（8～12 赫）极为相近，产生共振时能强烈刺激大脑，使人神经错乱，癫狂不止；另一类是内脏器官型次声波武器，其振荡频率与人体内脏器官的固有振荡频率相近，可使人的五脏六腑产生强烈共振，破坏人的平衡感和方向感，使人恶心、呕吐及剧烈不适而失去战斗力。次声波还有渗透性强的特点，次声波炸弹一旦命中目标，转瞬之间，在方圆十几千米的地面上，所有的人将统统受到伤害。次声波可穿透 15 米厚的混凝土和坦克装甲钢板，即使人员躲进地铁、防空洞或坦克、装甲车辆内也不能幸免。次声波弹和中子弹一样，只杀伤生物而不摧毁建筑物，但它的杀伤威力却大大超过中子弹。为预防劫机事件，美国目前研制出一种次声波枪。这种新型声波武器可以发射"声波子弹"，即集束声波。威力强大的集束声波能够使劫机分子暂时失去行动能力，从而阻止劫机事件的发生。但这种声波不会对飞机本身造成丝毫损害。美国新增加的空中警察将配备这种新型声波枪。

次声波武器虽是强大、厉害的武器，但却存在着固有的缺陷。首先，次声波不易聚焦成束，实现定向聚焦发射相当困难，导致的直接结果就是敌我不分，容易误伤，且在空旷的环境中难于产生高强次声波；其次，次声波很长，因而定向困难；再次，它的聚焦尺寸太大，一般很难实现。由于次声武器对环境、自然生物及非战斗人员所产生的巨大的破坏作用，该武器是否能投入实战值得商榷。

多害亦有利的噪声

DUOHAI YI YOULI DE ZAOSHENG

提到噪声，人们都会感到可恶头痛，噪声来源广泛：在工业生产上，机器的运转形成了工业噪声；在交通运输上，各种交通工具都会产生出巨大的声响，从而形成交通噪声；在日常生活中，各种家电发出的音响，人们的争吵和喧闹等，汇集成生活噪声。可以说，人们已经陷入了噪声的"十面埋伏"之中。

噪声是一种污染，它破坏人类生存的安静环境，干扰人们正常的生活、工作和学习，影响人们的心绪，损伤人们的听力甚至危害人体健康，业已成为当今世界的一大公害。

可是凡事都有两面性，噪声固然有害，如果运用巧妙，也能化害为利，为人类服务。

德国科学家设计了一种音响收集器，能将马路上的交通噪声转化为电能。有一种"噪声除草器"，它发出的噪声可使地里的草种子提前发芽，这样人们就可以在作物生长之前，用药物将杂草除掉。除此之外，噪声在烟囱除尘、干燥食品、酿制美酒等方面，也获得了广泛的应用。

可恶的噪声污染

20世纪80年代初，一次研讨环境污染的国际会议在北京西郊举行。可是万万没有想到，这次会议却被会场周围的"环境污染"搅得无法进行。原来，会议刚刚开始不久，一阵阵"不堪入耳"的声浪窜进了会场，这里面有机器的呼隆声、锅炉房的排气声、电锯的尖叫声……巨大的声响掩盖了发言者的声音，同时闹得与会专家心烦意乱、坐立不安。会议工作人员赶紧把门窗关闭，但仍无济于事，最后只好改变会场地点。晚上专家们回到宾馆，依然摆脱不了嘈杂声音的困扰，特别是马路上众多汽车的喇叭声吵得他们无法入睡。

第二天，会议临时决定，专题研究北京的"噪声"问题。

噪声，顾名思义，即嘈杂刺耳的声音，在科学上它通常是指那些由不同频率、不同强度的声波无规则混合在一起形成的音响。它不成曲，不成调，喧闹聒噪，十分难听。像刀刮铁锅、电锯割木的声音，是最典型的噪声。但是，如果站在人的听觉是否需要这个角度来区分声音的话，那么噪声就应该"另当别论"了。可以这样说：在某种情况下，凡是人们所不需要的，或者使人烦躁的和不愉快的声音，都是噪声。按照噪声的这一定义，那么万人大会上，高音喇叭传来的讲话声和会场上响起的雷鸣般的掌声，我们不能说它们是噪声；可是，当我们休息时，邻居录音机播放的优美的交响乐曲，却成了令人讨厌的噪声了。

噪声是人们在从事生产和生活活动的过程中产生的。在工业生产上，由于机器运转中的摩擦、撞击、振动、切削等作用，就会有不同声调、不同响度的声音产生出来，这些声音交织在一起，就形成了所谓的"工业噪声"；在交通运输上，各种交通工具，如飞机、火车、汽车、拖拉机等在发动、运转、行驶的过程中，都会引起周围空气的扰动，从而产生出巨大的声响，这就是所谓的"交通噪声"；在日常生活中，各种家用电器发出的音响，人们的争吵和喧闹，各种家务劳动的叮叮当当等，汇集而成为所谓的"生活噪声"。由于噪声来源很广，所以它在现代人生活和工作的环境中，几乎是无所不在，无孔不入。无论你走进工厂的车间还是来到建筑工地上，无论你走在城市马路上还是跨进繁华的市场中，甚至你坐在办公室里、站在课堂的讲台上、躺在家里的床上，到处都可以听到各种各样的噪声。机器的轰鸣、汽车的笛响、人群的喧哗、高音量的广播等，无时无刻不萦绕在耳际。可以说，人们已经陷入了噪声的"十面埋伏"之中了。

噪声是一种污染，它破坏人类生存的安静环境，干扰人们正常的生活、工作和学习，损伤人耳的听力甚至危害人体健康，因此它已经成了当今世界的一大公害。

在工业发达的美国，有8000万人受到噪声的有害影响，4000万人面临着听力损伤的危险。并且随着工业的发展，美国的环境噪声大约10年就要增加1倍。这样下去，将会有越来越多的人受到噪声的威胁。

我国城市噪声污染近年来也十分严重，全国有数以百万计的工人在超过卫生标准的环境下工作和劳动，广大居民日夜经受着噪声的侵袭。据统计，北京市群众每年向有关方面反映环境污染的来信来访中，涉及噪声污染的约占40%。特别是随着机器数量的成倍增加，功率越来越大，交通运输日益繁忙，噪声污染有逐年增长的趋势。所以，消除噪声公害，已经成了广大群众的呼声。有的专家指出，如果不采取有效措施治理噪声，若干年后，人们不仅不能坐在会议室里安静地开会，就是朋友之间亲切交谈、情侣之间谈情说爱，也要像吵架那样大声嚷叫才行。试想，那将是一幅多么可怕的情景呀！

乐声和噪声的区别

美妙动听的音乐，能使人忘掉烦恼，心胸开阔，消除疲劳，调节神经细胞的功能，改善血液循环，增强新陈代谢，有益于健康。

令人烦恼的噪声，被列为污染环境的三大公害之一（污水、废气、噪声）。能使人听力破坏，头痛头晕，失眠健忘。甚至诱发心脑血管和消化系统疾病，有损于健康。

同样都是声波，对人的作用为什么会如此不相同呢？声学研究表明，乐音是由周期性振动的声波发出的，它的波的图像是周期性曲线。噪声的声源，做的是无规则的非周期性的振动，它的声波的图像是无规则的、非周期性的曲线。

噪声的危害

一位工人得了一种怪病：一上班就心跳过速。机器每分钟冲击 90 次，他的心脏每分钟也跳 90 次；机器每分钟冲击 120 次，他的心跳也跟着加速到 120 次。医生到这家工厂去调查，发现那里患冠心病和高血压的人很多，并且有 80% ~ 90% 的人听觉不灵，相当多的人头疼脑胀、耳鸣失眠、心慌多梦……这是什么在作怪呢？

经过调查研究，发现这种危害人体健康的怪物就是噪声。从物理学角度讲，噪声就是没有规律的声音，是各种频率和声强的声音的杂乱组合。但是，有时候一些优美的乐曲也会引起人的讨厌，例如一首好的钢琴演奏曲可算得优美吧，可是对正在睡觉或做功课的人来说，就成了讨厌的噪声。因此，从心理学角度讲，噪声就是人们不需要的声音。

噪声对人类的危害很大，我们必须和它作斗争。那么，噪声是从哪里来的呢？

令人讨厌的噪声

我们平常听到的噪声主要有三个来源：由空气扰动引起的、由固体振动引起的、由电磁振荡引起的。

憋足劲，对着空中吹一口气。听！有一股"呜，呜"的噪声。这是由于你吹的那口气扰动了空气造成的。

通风机、鼓风机、空气压缩机、燃汽轮机、喷气式飞机、汽车……都会扰动四周的空气发出噪声。这就是气流噪声，它来源于气体振动。

用锤子敲打钉子、金属板和木板，你会听到令人不快的噪声。这是由于固体振动而产生了噪声。

在工业生产中，会有必不可少的撞击和摩擦，这样就产生了机械性噪声。织布机、球磨机、碎石机、电锯、车床的噪声都是机械性噪声。在机械工厂里，几乎每道工序都会因金属的撞击和摩擦而发出噪声。

什么是由电磁作用产生的噪声呢？

找一台电铃变压器（能把220伏交流电变成4伏的变压器）、一个空铁盒、一块电磁铁。电磁铁也可以自己绕制：把5～10米长的细漆包线缠绕在粗铁钉上即可。

把空铁盒（例如罐头盒）固定到小木板上，再用小木块把电磁铁垫起来，使电磁铁的一端对准铁盒底的中心。固定好以后，把电磁铁的两根线头接到变压器的4伏抽头上。一切安排妥当以后，再把电铃变压器的220伏插头插在电源插座上。电路一通，电磁铁和铁盒子则发出了噪声。这个实验的时间不能太长，以免过热会发生事故。

发生这种噪声的原因很简单，当电磁铁的线圈里通入交流电以后，由于电流方向不断变化，电磁铁一会儿吸铁盒，一会儿排斥铁盒，所以引起了振动。

仔细听一听，日光灯镇流器、电风扇以及变压器，都会发出噪声。

电器在运转时总要发出电磁性噪声，噪声的大小是电器质量的一项重要指标。例如，电冰箱压缩机的噪声不可超过50分贝。如果人站在距电冰箱1米的地方能听到电冰箱压缩机运行的噪声，这电冰箱就不合格。

这些从"魔窟"里跑出来的噪声，形成了对人类的危害。

镇流器

20世纪70年代出现了世界性的能源危机，节约能源的紧迫感使许多公司致力于节能光源和荧光灯电子镇流器的研究，随着半导体技术飞速发展，各种高反压功率开关器件不断涌现，为电子镇流器的开发提供了条件，70年代末，国外厂家率先推出了第一代电子镇流器，是照明发展史上一项重大的创新。由于它具有节能等许多优点，引起了全世界的极大关注和兴趣，认为是取代电感镇流器的理想产品，随后一些著名的企业都投入了相当的人力、物力来进行更高一级的研究与开发。由于微电子技术突飞猛进，促进了电子镇流器向高性能高可靠性方向发展，许多半导体公司推出了专用功率开关器件和控制集成电路的系列产品。

噪声对听力的影响

　　一天，一位 82 岁的老人因患耳疾走进了荷兰的一家医院。医生在察看病人耳朵时，发现他的左耳道深处有一个小棉球。当问起棉球的来历，老人经苦苦思索后方才回忆起，那是 32 年前他治中耳炎时放进去忘记取出的。医生对老人进行了耳力检查，发觉他的右耳已聋，而左耳听力却相当好。这个重要发现说明，老年性耳聋并非完全是由于年龄的增长引起听力自然衰退造成的，它很可能与人长期受到外界噪声的损害有关。为了证实这一点，美国科学家特地来到远离噪声干扰的非洲苏丹偏僻地区进行调查研究。发现居住在那里的马巴安部族老人的听力，比美国城市中的年轻人的听力还强得多。

　　研究和分析表明，噪声对人耳听力的影响，同它的强度大小有关。在科学上，声音强度的大小是以"分贝"为单位来计量的。一般来说，在人们生活和工作的环境中，噪声强度低于 30 分贝时，人们感到十分寂静，并且对人体也不会产生任何影响；在 40 ~ 45 分贝时，人们白天工作仍然感到比较安静，但夜晚睡眠多少要受到惊扰；50 ~ 60 分贝时，人们开始有吵闹的感觉，医生听诊受到了干扰，准确率要下降 20%；当达到 65 分贝时，人们的工作、学习和开会受到明显干扰，打电话都会感到有困难；达到 75 分贝时，人们会觉得很吵，两个人谈话必须靠得很近才能听清楚；持续在 80 ~ 90 分贝时，人耳的听觉变得迟钝，别人平常的谈话已经无法听清；100 ~ 110 分贝时，人耳感到难以忍受，听力受到严重损伤；120 ~ 130 分贝时，人耳被刺痛，只需待 1 分钟，耳朵就会出现暂时变聋；超过 130 分贝，人耳听力完全丧失，严重时耳膜破裂，甚至发生脑溢血或心脏停止跳动。

　　世界上许多国家的统计资料都显示，生活在城市中的居民的听力都有明显的减退。这是因为各种各样的噪声长期弥散于整个城市的空间，并且其中 3/5 的强度超过 80 分贝。例如，在工厂里，机加工车间平均噪声为 70 ~ 90 分贝，锻工车间为 105 ~ 120 分贝，空压机站为 85 ~ 105 分贝，织布车间为 100 ~

104 分贝；在建筑工地上，柴油机的噪声为 98 分贝，球磨机为 112 分贝，电锯为 110 分贝；在马路上，公共汽车的噪声为 80 分贝，载重汽车为 90 分贝，繁忙的交通路口白天的平均噪声在 80 分贝以上；在家庭里，电视机、收录机、音箱等家用电器的高频噪声可达 70～85 分贝，等等。1971 年国际标准组织，对每周工作 40 小时、每年工作 50 周、工龄为 20 年的工人的听力情况做过统计分析，发现长期工作的环境噪声强度在 80 分贝以下时，听力受损者为 7%；噪声强度为 100 分贝时，听力受损者为 49%；噪声强度为 115 分贝时，听力受损者为 94%。这就从一个侧面反映出，噪声污染给人们带来的听力损害是何等的严重。

为了保护我们的耳朵，减小噪声的危害，国际上制定了噪声的卫生标准。规定工人工作环境的噪声强度不能超过 90 分贝。这是听力保护的最高限度，在这样的环境中每天工作 8 小时，30 年后刚刚不致耳聋。另外，对于工作在强噪声环境中的工人，各国还采取了一些听力保护措施，如工作时戴特别的护耳塞、护耳罩，以期起到隔音或减少噪声损害的效果。

令人可怖的噪声病

1961 年，日本法院审理了一桩案件：一个广岛青年杀死了他隔壁一家工厂的厂主。当法庭审问青年杀人的动机时，他的回答却令法官们大吃一惊：这家工厂无休无止的噪声，把他折磨到了忍无可忍的地步。

无独有偶，1969 年春天的一个晚上，美国纽约市布朗克思区的一名夜班工人，枪杀了一个正在玩耍的儿童。原因也是如此简单而又让人不可思议：这个孩子吵闹得他睡觉也不得安生。

噪声是可恶的，可以说人人都讨厌噪声。但是，噪声能把人逼到发疯杀人的境地，却是许多人想不到的。

科学家对此作出了解释：医学研究表明，强烈的噪声对人的中枢神经系统是一个恶性刺激，它能破坏大脑的正常功能，引起大脑皮层兴奋和抑制的平衡失调，损伤神经细胞，使人产生头痛、脑胀、眩晕、失眠、记忆力和思考力衰退以及情绪不稳定等症状，严重时可造成人的神志不清、精神恍惚。据说第二次世界大战时，德国法西斯就曾用强烈噪声折磨俘虏，待他们神志模糊时来获取口供。过强和持续的噪声，还能刺激肾上腺素的分泌增加，使人烦躁、易怒，甚至神经错乱，在这种情况下有可能导致暴力犯罪。

其实，噪声不仅对人的神经系统有损害作用，而且对心血管系统、消化系统、感觉系统等，都会产生不良的影响。有关的研究指出，噪声能使人的交感神经紧张，末梢血管收缩，从而引起心跳过速、心律不齐、血压变化、心电图异常。近年来人们发现，有的高噪声车间，高血压发病率比低噪声车间要高好几倍；有的机器每分钟冲击 140 次，操作工人心跳也"同步"为每分钟 140 次，大大加重了心脏的负担。目前城市中冠心病和动脉硬化症发病率逐年增高，据分析这也与城市中交通噪声日益严重有着很大的关系。长期受噪声刺激的人，还会引起肠胃机能阻滞、消化液分泌异常，造成消化不良、食欲不振、恶心呕吐，严重的可导致胃溃疡。此外，长期持续的噪声往往会降低人的感受性，如听力下降、视觉模糊、味觉迟钝、振动觉泛化、运动觉不灵活等。

总之，噪声是一种无形毒药。它一旦侵入人的机体，人体的各个器官都将受到不同程度的损害，患上一种临床上呈现综合反应的"噪声病"。噪声病一般呈现慢性病的特征，轻则损害人的心理健康，使人的工作、休息和睡眠受到干扰；重则引起人体器质性的病变，造成难以康复的器官机能损伤。特别需要指出的是，噪声病对年幼儿童的生长发育有着严重影响。近年来，随着城市交通噪声和家庭噪声的日益严重，噪声病已构成对儿童身心发展的极大威胁和冲击。首先，它能损坏孩子们的听觉器官引起失聪。据统计，如今世界上共有 7000 多万耳聋患者，其中大多数是胎儿和婴幼儿时期致聋的。由于正常儿童学讲话是通过听觉来实现的，如果在学会讲话前发生了耳聋，那么势必还会造成儿童丧失学习语言的能力，成为又聋又哑的"聋哑儿"。其次，噪声还对儿童的心理产生损害，使他们学习精力不易集中，做作业效率低，差错多，而且一遇到困难就烦躁不安，缺乏坚持性，使学习成绩下降。另外，噪声还影响孩子们的睡眠，妨害他们的感觉和动作发育，损伤他们学习语言的兴趣和对其他事物的好奇心等。

噪声病是伴随现代文明产生的一种"时髦病"。为了有效地控制噪声病的发生和蔓延，全社会必须重视治理噪声公害，减少噪声污染，创造一个文明、舒适、安静的生活环境。

如何保护听力

运动时内耳供血不稳定，最好不要在运动时听 MP3 或使用手机。听 MP3 或用手机时，把音量调到 40—50 分贝，清晰即可，不可超过最大音量的 60% 以上。不可持续时间过长地戴耳机，更不可戴着耳机睡觉。听过分激烈的音乐 1 小时左右应休息一下；轻音乐、较慢的流行乐，可以 100 分钟休息一次；每次用手机的时间应控制在 10 分钟之内。远离蹦迪、强烈摇滚打击乐、爆竹、锣鼓等噪声环境，选择耳罩或海绵耳塞保护听力。使用 MP3 时，避免用插入式耳机，尽量选择头戴式耳机。如果使用插入式耳机，最好购买高质量的产品。尽量将手机放在远离耳部的位置，减轻由电磁波引发的副作用。

由噪声弹说开来

1986 年，西欧某国发生了一次劫机事件，为了对付劫机犯，地面保安人员在多次喊话无效的情况下，向机舱内投掷了一枚"炸弹"。只听得"轰"的一声巨响过后，机上人员个个失魂落魄，呆若木鸡，劫机犯手中的武器也掉了下来，乖乖地束手就擒了。而机舱内既没有火药的烟雾，也见不到飞溅的弹片，更没有发现人员伤亡。这是怎么回事呢？

原来，保安人员向机舱内投掷的"炸弹"不是普通的炸弹，而是特别的"噪声弹"。它爆炸的威力，不是来自杀伤力强的碎弹片，而靠的是放出的强烈的噪声。

科学研究表明，高强度的噪声对人是一个强烈的刺激。在 120～130 分贝的声强下，人就会十分痛苦，甚至感到有些受不了；如果达到 140 分贝，人就会惊恐万状、大脑失灵、手脚都不听使唤。"噪声弹"正是利用这一点来制服劫机犯的。

十几年前韩国还研制出了一种"噪声步枪"，它也是利用 140 分贝以上的瞬时噪声来击倒歹徒的。如果噪声强度更高，它对人体将产生严重损害，轻则震聋耳朵，重则发生昏迷休克，更严重的甚至引起脑溢血或心脏停止跳动。

据说，古罗马时代就曾用强烈的噪声来处死过犯人。

在现实生活中，爆炸、爆破、飞机起落、导弹或火箭发射、核试验等，都会产生短时强度高达 170～200 分贝的噪声。从事这方面工作的人，必须事先做好有效的个人防护，否则产生的后果将不堪设想。

强烈的噪声不仅损伤人的身体，而且对建筑物造成破坏。1962 年，3 架军用喷气式飞机低空飞过日本藤泽市，使该市许多房屋和烟囱倒塌；1970 年，德国威斯特伯格城，因受一次超音速飞机飞行的噪声袭击，有 378 幢建筑物受损。20 世纪 70 年代，美国统计了 3000 件喷气式飞机使建筑物受损情况，其中抹灰开裂的占 43%，损坏的占 32%，墙壁裂缝的占 15%，屋瓦损坏的占 6%。

科学研究还指出，当噪声强度超过 180 分贝时，它还会对金属设备引起"疲劳"损伤。据记载，曾有一架满载乘客的巨型三引擎喷气式客机，从美国芝加哥起飞后不久突然爆炸起火，机毁人亡。事后经专家调查分析认定，这一空难事件是由于噪声引起的金属"疲劳"致使一具引擎折断造成的。近年来，因强烈噪声引起火箭、航天飞机、宇宙飞船等高速运载工具的结构和内部器件的"疲劳"损伤事件也时有发生。

强烈噪声给人类带来的毁灭性的灾难，已引起环保和工程技术界的高度重视。各国除对强噪声环境中的工作人员加强人体防护外，还对强噪声的产生采取了控制措施，同时积极开展具有抗噪声能力的建筑和具有抗"疲劳"性能的材料的研究，以减少强噪声的危害。

杀人不见血的软刀子

据调查分析，在高噪声车间里，噪声性耳聋的发病率达到 50%～60%，甚至于 90%。俗话说"十铆九聋"，确实不假。

科学家对在噪声环境中工作 10 年以上的人进行心电图和脑电图分析，发现他们的心电图和脑电图已跟正常人不同。原来，噪声能使人的交感神经紧张、末梢血管收缩、心动过速、血压变化。难怪长期工作在噪声车间的人，高血压发病率比无噪声车间高好几倍呢！

噪声还会使人心情烦躁、反应迟钝、注意力分散。有人对电话交换台进行调查，发现噪声级从 50 分贝降到 30 分贝，差错率减少 42%。

科学家还用各种动物做实验，研究噪声的危害。

猩猩蝇是一种小昆虫，它们的寿命大约是 30 天。把猩猩蝇放在没有强噪声的环境里饲养，平均寿命是 33.7 天。同样的生活环境加上每天 8 小时 100 分贝的噪声，它们只能活 28.1 天了。

把健康活泼的小白鼠放到试验箱里，对它们播放 165 分贝的强噪声，小白鼠的反应过程为：未放噪声前，小白鼠既活泼又健康；噪声源开始发声，小白鼠表现出惊恐烦躁；在持续的噪声中，小白鼠疯狂跳窜，想逃出这可怕的环境；小白鼠无法逃脱这可怕的环境，绝望的小白鼠互相撕咬挣扎；后来，小白鼠开始抽搐；最后，小白鼠死去了。需要说明的是，这一切仅仅发生在几分钟里！

请你仿照科学家们的方法，利用动物做一些实验。例如，你捉的蛐蛐，你养的小鸡、兔子……实验的方法，最好由你自己设计。

大量的科学实验证明，噪声是杀人不见血的软刀子！

向噪声"恶魔"宣战

噪声，是现代城市的标志。严重的噪声污染，已构成了对各国城市居民的威胁。难怪 1977 年联合国世界环保组织把噪声列为"当代人类最不可容忍的灾难之一"。然而，从那以后噪声的危害并没有停止，相反，它仍以每年 1 分贝的速度增长着。如果按照这个增长速度，再过几十年，世界大城市的噪声强度有可能接近 100 分贝，和现在织布车间的噪声差不多。到那时城市居民已无法正常生活，他们只好像逃难一样躲避到偏僻的山村里去了，那将是一幅多么可悲又可怕的景象呀！

面对噪声的日益肆虐，科学家们纷纷献计献策，奋起向噪声宣战！他们决心降服"恶魔"，为民除害。

"树有根，水有源"，解决噪声问题的根本出路，在于治理好噪声源。具体说，就是要把原先的发声体改造成为不发声体，或者把高发声体改造为低发声体。为此，科学家提出了一系列切实可行的措施。例如，用无声的焊接取代高噪声的铆接，用无声的液压取代高噪声的锻打等，都是行之有效的办法。另外，科学家们设想，如果将来发明电力汽车或太阳能汽车来代替现在的内燃机汽车，制造出电动机车来代替现在的内燃机车，那么，就有可能解决目前日益严重的城市交通噪声。

对于现有的生产设备，通过提高加工精度，尽量减少机器部件的撞击和摩擦，精确校准中心，搞好动质量平衡和磁力平衡，使机器振动降低到最低程度，也是从声源上减小噪声的有效办法。

此外，科学家经过几十年的努力，还研制出了坚似钢铁、声如胶木的"无声"合金。如果用这种新型材料来制作各种机器部件，也不失为一条解决机器减振防噪的新途径。

由于技术和经济等方面的原因，目前要想从声源上完全消除噪声的产生是不可能的。在这种情况下，为了有效地治理噪声，人们就必须在噪声传播途径上大做文章了。

由于噪声主要是通过空气来传播的，因此，只要设法截断这条通路，就可以控制噪声的辐射和扩散。目前采取的措施是"隔声"、"消声"和"吸声"。所谓"隔声"，就是用隔音罩或隔音室把高噪声的机器封闭起来，让噪声不能传出去；或者用隔音墙、隔音楼板和隔音门窗，把生产车间同办公室、教室、宿舍等隔离开来，防止噪声干扰人们正常的工作、学习和休息。"消声"就是给汽油机、柴油机、鼓风机等空气动力设备装上"消声器"，让排气口发出的巨大噪声大大降低。"吸声"就是在高噪声的车间或房间内悬挂吸声体，同时在四壁装饰吸声材料和吸声结构，以降低室内的噪声。

机器产生的噪声除经空气传播外，还可以通过机座把振动传给地板、墙壁，而由地板、墙壁再把声音辐射出去。为了避免或减少通过这种方式产生的噪声，人们采用了"隔振"的办法，就是在机器下面加装弹簧、橡胶或其他软性材料，把机器孤立起来，从而切断振动的传递。

采取上面几项治理噪声的措施，犹如在噪声传播道路上设置了一道道封锁线，这将大大减少噪声的污染。

人类在同噪声作斗争的过程中，既要重视技术上的治理措施，又应加强宏观上的管理措施。比如，在制定城市建设、厂矿建设的规划时，有关部门就应充分考虑噪声的影响，合理布局，避免把那些高噪声的工厂建在人口稠密的地区；同时建立外环公路，防止过境汽车穿越市区；在城市繁华地段建地下通道，供车辆通行；将火车站、大型公共场所，建在远离住宅区的地方，等等。又如，应大力加强以法治噪，严格控制城市噪声在国际和国家容许的标准之内，同时改善交通管理，限制市内汽车鸣笛，禁止载重汽车穿行繁华街道和住宅区等。

治理噪声是现代城市的一个新课题，只要切实采取行之有效的措施并坚持实行，相信总有一天，繁华的城市也会像农村一样，清爽、宁静。

隔振技术

把小闹钟放在盖紧盖的铁盒、纸盒、木盒、玻璃钟罩、又厚又重的铁筒里……你会发现，它的响声变小了。这说明一部分声音被罩住了，而且罩子越厚越重，罩住的声音越多。

这种方法叫隔声。工程上常用的是隔声间和隔声罩。

和吸声材料相反，隔声结构一般都是密实、沉重的材料，如砖墙、钢板、钢筋混凝土等，是些"沉重的罩子"。因为声波射到单层墙或单层板上，会引起这些"罩子"的振动，把声能传出去。罩子越沉重，越不容易推动，隔声效果自然比较好，尤其对于高频噪声效果更好。

把小闹钟用纸盒罩住，外面再扣上个大铁筒。你会发现，这双层罩的隔声效果更好些。

有空气夹层的双层隔声结构，比同样重的单层结构隔声效果要好。

为什么有了空气层就会提高隔声性能呢？这是因为声波传到第一层壁时，先要引起第一层的振动，这个振动被空气层减弱后再传到外层壁点，声波的能量就小多了。再经过外层壁的阻挡，传出的声音就很小了。

你用小闹钟做实验时也许会发现：虽然罩上了两层罩子，钟的响声还会通过桌面传出来；怎么办呢？

先在桌面上放一块棉絮，把小闹钟放在棉絮上，外边再扣上一个纸盒和一个铁桶。你会发现，闹钟的响声几乎听不到了。

噪声是可以通过墙、楼板、地板等固体向外传播的。机器产生的振动传给这些固体，通过它们传到邻近的房间，甚至可以骚扰相当远的地方。

我们的小实验证明，如果在机器和它的基础之间放上具有弹性的物体，就能把固体传出的噪声"罩"住。这种技术就叫隔振。工程上常用橡皮、软木、沥青毛毡等材料隔振，也可以用各种弹簧来隔振。

"吃掉"噪声的吸声材料

有"吃"声音的东西吗？

有！这就是吸声材料。

找一只滴答作响的小闹钟，用棉被把它包上，怎么样？它的响声被"吃"掉了吧？

玻璃棉、矿渣棉、泡沫塑料、毛毡、棉絮、加气混凝土、吸声砖……都是吸声材料。这些材料不是十分松软，就是带有小孔。声波传播到吸声材料上，就会引起小孔隙里空气和细小纤维的振动，由于摩擦等阻碍，声能被转化成了热能，声音就这样被"吃"掉了。

如果用吸声材料装饰在房间的内表面上，或者在室内悬挂一些吸声体，房间里的噪声会得到一定程度的降低，这种方法就叫吸声。

打个比方说，如果在屋子的四周挂上黑布，在同样的电灯光下，室内光线就显得暗了。要是四面都是镜子，屋里就会觉得很亮。这是因为，黑布把照在它上面的光线吸收了，只靠电灯的直射光照明；明镜能把照在它上面的光反射回来，加强了室内的光线。

声波的情况也是这样。用吸声材料包围起来，机器的噪声传到四周就被"吃"掉，很少有反射，噪声也就降低了。

利用吸声材料还可以制造消声器。

消声器可以"吃"掉讨厌的气流噪声，它是一种阻止声音传播而又允许气流通过的装置。汽车尾部冒烟的地方，就有个粗管子式的消声器。

找一把哨子，再卷个纸筒，纸筒里放些泡沫塑料，把哨子放在里边。吹哨子吧！你会听到，哨子的声音变小了，气流仍可通过。用竖笛做这个实验，效果更好。

这就是一种最简单、最基本的消声器，叫管式阻性消声器。声波进入消声器之后，吸声材料就把声能转化成为热能了。

消声器的种类很多，还有抗性的、共振式的等，在各种空气动力机器中

起着消声作用。我国科学家近年来发明了微穿孔板消声器和小孔消声器，不仅消声效果好，而且不怕油，不怕水。

微穿孔板消声器

这是一种衬装微穿孔板结构的消声器，能在较宽的频带范围内消除气流噪声，而且具耐高温、耐油污、耐腐蚀的性能。由于穿孔直径小、板面光滑，因此消声器阻损比一般阻性消声器要小。穿孔的声阻抗（非线性阻）与声压和气流速度有关，设计微孔板消声器时要计入这些影响。微孔板消声器常用于鼓风机排气、空调系统、燃气轮机排气、飞机发动机试车室排气、喷气发动机的进气道、内燃机进排气等。这些消声器的穿孔直径往往等于或大于1mm，但也按习惯称为微孔板消声器。

它一般是用厚度小于1mm的纯金属薄板制作，在薄板上用孔径小于1mm的钻头穿孔，穿孔率为1%~3%。选择不同的穿孔率和板厚不同的腔深，就可以控制消声器的频谱性能，使其在需要的频率范围内获得良好的消声效果。

以声消声的反噪声术

用声音还可以削弱声音呢。

拿一个音叉，把它敲响后，在耳边慢慢转动，听！它发出的声音时强时弱。

为什么会时强时弱呢？

这和音叉的两个叉股有关系。两个叉股就是两个声源，它们发出了疏密相间的声波。假如甲声源传来的疏波和乙声源传来的密波恰好同时到达某点，那么这一点的空气就会安静无波，在这里也就听不到声音了。当然这两个声波的频率和振幅必须相同，相位必须相反，才会以声消声。

根据这个原理，科学家正在研究"反噪声术"。

他们先在一个长方形的管道中做试验：在管道里安了两只喇叭，一只用来产生噪声，另一只用来产生反噪声，试验结果是管道内的噪声减弱到几乎听不见的程度。

后来，科学家又用话筒把涡轮机发出的噪声接收下来，送入扩大机中进行放大和倒相，再用喇叭播出反噪声。结果使涡轮机的噪声减弱了 16 分贝。

科学家们还惊异地发现，在噪声与反噪声相遇的地方，会造成一块"闹中取静"的安静地带。尽管四周一片喧哗，但在这一小块地方却是寂静无声的。目前能造出来的安静地带的空间还很小，只有 2 立方米左右，可以容纳一位同学在里边静心读书。

以声消声的"反噪声术"在实验中虽然有了令人鼓舞的结果，但要付诸实用还要跨越许多障碍。

根治噪声的无声合金

为了控制噪声，人们想出了吸声、消声、隔声、隔振等办法。但是，这都是些治标的办法，并没有从根本上防止噪声。

防治噪声的根本办法是从声源上治理它，把发声体改造成不发声体。

用锤子敲打一下充了气的橡胶轮胎，你会发现，并没有敲出多大声音来。要是用锤子打铁，那可是响当当的。

用液压代替锤打，就可以防止噪声。在液压机前工作，耳朵就不会被震聋了。用焊接代替铆接，也可以改变"十铆九声"的状况。

但是，在工厂里总有金属相撞，如果金属都跟橡胶一样，敲不响，打无声，不就没有噪声了吗？

近些年来，科学家经过反复研究，终于造出了这种金属——无声合金。用铁锤去敲打无声合金的薄板，它竟然像橡胶那样安静！

无声合金具有金属的特性，又有橡胶的防震本领。它能把下部分振动的能量转变成热能，所以敲打或撞击时，就发不出那么大的声音了。用无声合金造的圆盘锯，能把噪声降低 10 分贝；装甲车里装上无声合金，噪声也可以降低 10 分贝；用无声合金制造潜艇的螺旋桨，提高了潜艇的保密隐蔽性能。

冶金学家研制出了各式各样的无声合金：锰铜合金、铜锌铝合金、镁锆合金、钛镍合金，尤其是铁铬铝合金，用途更广泛，它的减震性能比不锈钢强几十倍。

有趣的是：我国科学家还研制出了一种"毫无声破碎剂"，用它去破碎各种岩石、切割花岗岩比使用炸药时噪声小得多。看来，就是爆破的噪声，我们也有可能根治了。

当然，根治噪声还需要做许多艰苦的工作。就是科学上已经研究出的好方法，普及下去也需要经过一番努力。

铁铬铝合金

铁铬铝合金是铁素体的合金，在大气中使用温度高，最高使用温度可达1400℃，在大气中相同的较高使用温度下，其使用寿命相对较长。由于允许使用温度高，寿命长，所以，元件的表面负荷也可以选择高些，这样不仅升温快，还可以节省合金材料。

它的电阻率高，在元件设计时可以选用较大规格的合金材料，延长合金元件的使用寿命，而细规格的合金材料则可以在设计时充分考虑元件的占用空间。铁铬铝合金抗氧化性能好，材料表面上生成的氧化膜结构致密，与基体粘着性能好，不易散落而造成污染。

化噪声为福音

正当世界上许许多多的环保专家，处心积虑地想办法，如何消除噪声危害的时候，却有一些科学家在做着另一类的试验，他们试图将噪声"化害为利"、"变废为宝"，用来为人类服务。

用其发电。噪声是一种能量污染，如喷气式飞机的噪声功率达10000瓦。科学家发现人造铌酸锂在一定条件下具有将声能转变成电能的本领。因此，可用噪声来发电，设计了一种声波接收器，将其与声电变换器连接，就能发电。

用其制冷。利用微弱的声振动来制冷的技术，是一项新的制冷技术。第一台样机已在美国试制成功，不久的将来人们将用其制冷。

工业用燃烧炉工作时常会发出轰鸣噪声，这是一个老大难问题，解决起来非常棘手。美国佐治亚州理工学院津恩教授，却成功地研制出了一种脉冲燃烧系统，能够充分吸纳工业燃烧炉产生的这种噪声，并把它转化为有用的能量。这种燃烧系统是个巨型喇叭状伸缩管，通过机动挡板调节燃烧室的内部尺寸使之与噪声共鸣，燃烧室本身的噪声就会对火焰起到鼓风作用并给燃烧过程添加能量，从而提高了燃烧炉工作效率。通过在垃圾焚化炉试验，这种燃烧系统不仅节约了燃料，而且废气排放量也减少了 50% ~75% 。

马路上的交通噪声也是一个令人头痛的问题。德国科学家设计了一种和压力构造机相似的特殊装置——音响收集器，能将噪声转化为电能。如果在马路的两侧安装上许多这样的装置，用来吸收交通噪声，这样不仅减小了噪声污染，而且所发的电还能用来供马路照明之用。

日本科学家的设计则更为巧妙。他们研制成功了一种"自然音响合成模拟器"，能将马路上的汽车喇叭声、人们的喧闹声等，按程序合成模拟出各种有节奏的音响，这样居民在家中安上这种装置后，听到的就不再是刺耳的噪声，而是类似天籁的声音。

用噪声施肥，这是美国科学家丹卡尔森的发明。丹卡尔森通过长期观察，发现某些农作物受到噪声刺激后，其根、茎、叶表面的小孔明显扩大，这很有利于养料的吸收。于是他在西红柿地里做起了试验，在 100 分贝的汽笛声中，多次给作物施肥和喷洒生长剂。结果，不仅西红柿的产量很高，而且个头也比普通的大 1/3 。之后他对土豆、水稻等作物试验，也收到良好的效果。

噪声不仅可施肥，还能除草。有一种"噪声除草器"，它发出的噪声可使地里的草种子提前发芽，这样人们就可以在作物生长之前，用药物将杂草除掉了。

除此之外，噪声在烟囱除尘、干燥食品、酿制美酒等方面，也获得了广泛的应用。

很早就有人大胆地幻想，如果我们身边的噪声，有朝一日能化为美妙的乐音，那该有多好呵！人们这个美好的愿望是有可能实现的，因为日本科学家已在这方面作出了有益的尝试，并且取得初步的成功。在日本横滨车站的背后有座"细雨桥"，人们踏过桥板时，便会听到一阵阵犹如雨打芭蕉时的动听的淅沥声。这声音就是通过设在桥栏杆上的一套装置，吸收脚步产生的噪声转化来的。在爱知县丰田市有一座桥比这更有趣，行人沿着一侧从这头走到那头时，它奏出法国民谣《在桥上》，沿着另一侧返回时它又奏出日本民歌《故乡》。目前，这类"音乐桥"遍布日本各城镇，总数已超过数百座。

利用噪声为人类服务的研究，到今天才算刚刚起步，以后要走的路子还很长。但无论时间有多久，科学终究能"化噪声为福音"，让噪声也成为美好、有用的东西。